郑志强 编著

数码摄影后期
零基础入门教程

人民邮电出版社

北京

图书在版编目（CIP）数据

数码摄影后期零基础入门教程 / 郑志强编著. -- 北京：人民邮电出版社，2022.8
ISBN 978-7-115-59078-7

Ⅰ．①数… Ⅱ．①郑… Ⅲ．①图像处理软件 Ⅳ.
①TP391.413

中国版本图书馆CIP数据核字(2022)第055409号

内 容 提 要

数码摄影后期对于照片品质的提升也是至关重要的。本书对 Photoshop 与 Adobe Camera Raw 软件的基本功能和使用方法，Adobe Camera Raw 的全方位应用，Photoshop 中重点工具的使用技巧，摄影后期的三大基石——图层、选区、蒙版，五大调色原理，二次构图的作用与应用等进行了深入的介绍与解析。

本书内容由浅入深，让读者的学习变得更有节奏感、更轻松。希望初学者通过本书的系统讲解，能快速掌握数码摄影后期的基础知识与技法，开启精彩万分的摄影创作之旅，享受摄影带来的无尽乐趣。

本书内容全面、配图精美、文字通俗易懂，适合摄影后期爱好者及初学者参考阅读。

- ◆ 编　著　郑志强
　　责任编辑　张　贞
　　责任印制　陈　犇
- ◆ 人民邮电出版社出版发行　北京市丰台区成寿寺路 11 号
　　邮编　100164　　电子邮件　315@ptpress.com.cn
　　网址　https://www.ptpress.com.cn
　　北京捷迅佳彩印刷有限公司印刷
- ◆ 开本：889×1194　1/32
　　印张：4.5　　　　　　　　　　2022 年 8 月第 1 版
　　字数：191 千字　　　　　　　2025 年 1 月北京第 18 次印刷

定价：39.80 元

读者服务热线：(010)81055296　印装质量热线：(010)81055316
反盗版热线：(010)81055315
广告经营许可证：京东市监广登字 20170147 号

前言

　　要精通数码摄影的后期处理，会有来自于两个方面的阻力：其一，对 Photoshop、Adobe Camera Raw（ACR）等后期软件的学习和掌握；其二，需要你具有一定的审美和创意能力。

　　大部分初学者遇到的困难，主要是在后期软件的学习上。要想真正掌握摄影后期技术，我们不能太专注于后期软件的操作，而是应该先掌握一定的后期理论知识。举一个简单的例子，要学习后期调色，如果你先掌握了基本的色彩知识及混色原理，那后面的学习就很简单了，只需要几分钟就能够掌握调色的操作技巧。这说明，学习数码的后期处理，我们不但要知其然，还要知其所以然，才能真正实现对于数码后期处理的入门和提高。当然，学好本书中的知识只是第一步，接下来你还要努力提升自己的美学修养和创意能力。

　　本书从 Photoshop 与 ACR 软件的配置和使用开始介绍，进而讲解了明暗影调理论、ACR 的使用详解、Photoshop 常用工具的使用方法、摄影后期三大基石、Photoshop 调色技法、提升照片表现力的三大技法、二次构图等内容。

　　本书内容由浅入深，让读者的学习变得更有节奏感，更轻松。经过系统地学习，相信读者在面对照片的后期处理时不会茫然无措，可以顺利地展开精彩万分的摄影后期创作之旅。

目录

第3章

Photoshop重点工具的使用技巧　　　60

第4章

摄影后期三大基石   **71**

第5章

五大调色原理   **104**

第6章

二次构图 ·············· **129**

第1章 零基础入门Photoshop与ACR

在正式学习摄影后期处理之前,需要摄影师提前掌握Photoshop
和 Adobe Camera Raw(简称 ACR)的一些基本设置与基础操作,
以为后续的学习做好准备。

1.1 Photoshop界面与基本操作

单独打开照片

如果要打开一张照片，可以在欢迎界面左上角单击"打开"按钮，然后在"打开"对话框中单击选中要使用的照片，然后再单击对话框右下角的"打开"按钮即可，如图1.1所示。当然我们也可以在文件夹中单击点住要打开的照片，将其拖入Photoshop主界面左侧的空白处，也可以将照片在Photoshop中打开。

图1.1

Photoshop 功能布局

Photoshop主界面或者说工作界面看起来有很多的菜单按钮和功能，如果我们理清了各个区域的功能，可以让后续的学习变得非常简单。图1.2中我们标注出了Photoshop主界面的功能版块，下面分别进行介绍。

①菜单栏。这些菜单集成了Photoshop绝大部分的功能，并且通过菜单，我们可以对软件的界面设置进行更改。

②工作区。用于显示照片，包括显示照片的标题、像素、缩放比例、照片画面效果等。后续进行照片处理时，要随时关注工作区当中的照片显示，并对照片进行一些局部调整。

③工具栏。里面有多种修改照片的工具，部分工具可单独使用。

④选项栏。选项栏中的选项主要配合工具进行设置，用于限定工具的使用方式，设定工具的使用参数。

10

图 1.2

⑤面板。该区域分布了大量展开的面板，并且面板可以处于折叠状态。

⑥处于折叠状态的面板。

⑦最小化、最大化以及关闭按钮。

⑧用于对主界面或是整个 Photoshop 软件进行搜索，对界面布局设置等操作。

Photoshop 摄影界面设置

安装好 Photoshop 后，初次打开一张照片，我们可能看到的主界面如图 1.3 所示，但面板的分布及工具栏当中工具的分布并非我们的常用布局，那么我们就可以将 Photoshop 配置为适合摄影师处理照片所使用的界面设置。

图 1.3

图 1.4

具体操作是，在 Photoshop 主界面右上角单击，点开"工作区设置"下拉菜单，在其中选择"摄影"选项，就可以将 Photoshop 配置为摄影工作界面。

当然也可以打开"窗口"菜单，在其中选择"工作区"中的"摄影"命令，同样可以将 Photoshop 主界面配置为摄影界面，如图 1.5 所示。

图 1.5

色彩空间设定

在我们进行照片的处理之前，我们要知道色彩空间、位深度等几个选项是非常重要的，需要提前进行设定。

设置色彩空间时，在主界面中打开"编辑"菜单，选择"颜色设置"选项，打开"颜色设置"对话框，在其中将"工作空间"设定为"Adobe RGB（1998）"色彩空间，然后单击"确定"按钮，这样就将软件设定为了 Adobe RGB 色彩空间，如图 1.6 所示。这表示我们将处理照片的平台设定为了一个比较大的色彩空间。当然此处也可以设定为 ProPhoto RGB，它会有更大的色域，但是它的兼容性及普及性稍稍差一些。

图 1.6

输出色彩空间设定

　　打开"编辑"菜单，选择"转换为配置文件"命令打开"转换为配置文件"对话框，在其中将"目标空间"设定为 sRGB，然后单击"确定"按钮，如图 1.7 所示。这表示我们处理完照片之后，将输出的照片配置为 sRGB，sRGB 的色域相对小一些，但是它的兼容性非常好，配置为这种色彩空间之后，就可以确保照片在计算机、手机以及其他的显示设备当中保持一致的色彩，而不会出现在 Photoshop 中一种色彩，在看图软件中一种色彩，在手机、计算机中一种色彩这样比较混乱的情况。

图 1.7

色彩模式与位深度设定

对于色彩模式和位深度的设定，主要是在"图像"菜单当中进行操作。具体操作时，打开"图像"菜单，选择"模式"选项，在展开的选项列表中确保勾选"RGB 颜色"和"8 位通道"选项。"RGB 颜色"是指我们日常浏览以及照片处理时所使用的一种最重要的模式，"CMYK 颜色"模式主要用于印刷，"Lab 颜色"是一种比较老的用于在数码设备显示与印刷之间衔接的一种色彩模式。通常情况下，设定为"RGB 颜色"这种模式即可，如图 1.8 所示。

图 1.8

位深度一般设定为"8 位通道"，通常情况下，位深度是越大越好，但是它与色彩空间相似，比较大的位深度对于软件的兼容性不是太理想，Photoshop 当中绝大多数功能对 8 位通道的支持性更好，如果设定为 16 位或 32 位，那么很多功能是不支持的。

图 1.9

照片尺寸设定

照片处理完毕之后，如果我们要缩小照片尺寸，用于在网络上分享，那么可以点开"图像"菜单，选择"图像大小"命令，打开"图像大小"对话框，在其中可以缩小照片的尺寸，如图 1.9 所示。

PHOTOGRAPHER
摄影客

摄影基础轻松入门
拍摄技法快速掌握

PHOTOGRAPHY ◀◀◀

获取更多摄影入门图书、课程信息，参与定期摄影直播
讲座，与导师直接对话，以及获取其他优惠福利，敬请
扫码添加企业微信。

摄影客是人民邮电出版社的摄影出版品牌，包括图书、视频课程与自媒体。

坚持专业出版、专业品质的宗旨，凭借雄厚的研发和市场实力，摄影客多年来稳居全国摄影类图书零售市场占有率首位。针对不同层次的摄影爱好者策划出版了大量原创精品图书，并引进出版国外的优秀畅销图书，引进规模和销售表现均在业内领先。

摄影客致力于传播摄影知识与文化，为广大摄影爱好者带来高品质的摄影图书与课程。

至高眼界·至臻影像

与我们联系

 | 联系邮箱：BAIYIFAN@PTPRESS.COM.CN。

如果您对本书有任何疑问或建议，欢迎您发送邮件给我们，并请在邮件标题中注明本书书名以及ISBN，以便我们及时且高效地进行反馈。

默认状态下照片的长宽比处于锁定状态，比如说此处我们设定了照片的高度为 2000 像素，那么照片的宽度就会自动根据原始照片的长宽比进行设定，如图 1.10 所示。

图 1.10

如果我们要改变照片的长宽比，那么可以将照片尺寸左侧的链接按钮点掉，点掉之后可以看到链接图标上方和下方的连接线消失，这表示图片的长宽比不再被锁定，我们就可以根据自己的需求来改变照片的宽度和高度。比如说，此处我们将照片的高度改为了 1000 像素，但是宽度并没有随之变化，这是因为我们解除了照片尺寸调整的锁定状态，如图 1.11 所示。

图 1.11

照片画质设定

处理完照片进行保存时，点开"文件"菜单，选择"存储为"命令，打开"另存为"对话框，我们设定保存图片的格式大多数情况下为 JPEG 格式，文件名之后会有 .jpg 或是 .JPG 的扩展名，如图 1.12 所示。

在"另存为"面板右下方可以看到，ICC 配置文件为 sRGB，这是因为我们在保存照片之前进行过色彩空间的配置，这表示照片被配置为了 sRGB。然后单击"保存"按钮，这样会打开"JPEG 选项"对话框，如图 1.13 所示。

图 1.12

图 1.13

在 "JPEG 选项" 中我们可以设置照片保存的画质，在 "图像选项" 组当中照片的品质可以设定为从 0 到 12 共 13 个级别，数字越大，画质越好，数字越小，画质越差。一般情况下，我们可以将照片的画质设置为 10 到 12 之间的数值，但没有必要保存为 12，如果保存为 12，从右侧的 "预览" 项中就会看到照片非常大，比较占空间。设定好之后单击 "确定" 按钮，这样我们就完成了照片从打开到配置再到保存的整个过程。

1.2 认识照片格式

JPEG 格式

JPEG 是摄影师最常用的照片格式，扩展名通常为 .jpg，如图 1.14 所示。因为 JPEG 格式照片在高压缩性能和高显示品质之间找到了平衡，用通俗的话来说即 JPEG 格式照片可以在占用很小空间的同时，具备很好的显示画质。并且，JPEG 是普及性和用户认知度都非常高的一种照片格式，我们的计算机、手机等设备自带的读图软件都可以畅行无阻地读取和显示这种格式的照片。对于摄影师来说，大多数时间都要与这种照片格式打交道。

从技术的角度来讲，JPEG 可以把文件压缩到很小。在 Photoshop 中以 JPEG 格式存储时，提供了 13 个压缩级别，以 0 ～ 12 级表示。其中 0 级压缩比最高，图像品质最差。以 12 级压缩时，压缩比例就会变小，这样照片所占的磁盘空间会增大。我们在手机、计算机屏幕中观看的照片往往不需要太高质量的显示，较小的存储空间和相对高质量的画质就是我们追求的目标了，因此我们选择 JPEG 作为最常用的一种格式，它既能满足在屏幕上观看照片的质量，又可以大幅缩小图片的空间。

图 1.14

很多时候，压缩等级为 8 ～ 10 时，可以获得存储空间与图像质量兼得的较佳比例，而如果你的照片将有商业展示或是印刷等需求，那么建议采用较少压缩的等级 12 进行存储。

对于大部分摄影爱好者来说，无论你最初拍摄了 RAW、TIFF、DNG 格式的照片，还是在曾经将照片保存为了 PSD 格式，最终在计算机上浏览、在网络上分享时，通常还是要转为 JPEG 格式呈现。

RAW 格式

从摄影的角度来看，RAW 格式与 JPEG 格式是绝佳的搭配。RAW 是数码相机的感光元件 CMOS 或 CCD 图像感应器将捕捉到的光源信号转化为数字信号的原始数据。RAW 格式文件记录了数码相机传感器的原始信息，同时记录了由相机拍摄所产生的一些原数据（如 ISO 的设置、快门速度、光圈值、白平衡等）的文件，RAW 是未经处理的格式，可以把 RAW 格式的概念理解为"原始图像编码数据"，或更形象地称为"数字底片"。不同品牌的相机有不同的对应格式，如 .NEF、.CR2、.CR3、ARW 等。

因为 RAW 格式保留了摄影师创作时的所有原始数据，没有经过优化或是压缩而产生细节损失，所以特别适合作为后期处理的底稿使用。

这样，相机拍摄的 RAW 格式文件用于后期处理，最终转为 JPEG 格式的照片用于在计算机上查看和网络上分享。所以说，这两种格式是绝配！

在以前，计算机自带的看图软件往往是无法读取 RAW 格式文件的，并且许多读图软件也不行（当然，现在几乎已经不存在这个问题了）。从这个角度来看，RAW 格式的日常使用有些不方便。在 Photoshop 中，RAW 格式文件需要借助特定的增效工具 ACR 来进行读取和后期处理，如图 1.15 所示。

图 1.15

XMP 格式

如果利用 ACR 对 RAW 格式文件进行过处理，那你会发现在文件夹中会出现一个同名的文件，但文件的扩展名是 .xmp，该文件无法打开，是不能被识别的文件格式，如图 1.16 所示。

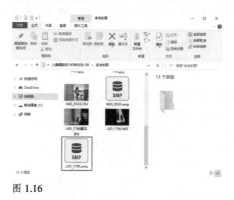

图 1.16

其实，XMP 是一种操作记录文件，记录了我们对 RAW 格式原片的各种修改操作和参数设定，是一种经过加密的文件格式。正常情况下，该文件非常小，占用的空间几乎可以忽略不计。但如果删除该文件，那么你对 RAW 格式文件所进行的处理和操作就会消失。

DNG 格式

如果理解了 RAW 格式，那么就很容易弄明白 DNG 格式。DNG 也是一种 RAW 格式文件，是 Adobe 公司开发的一种开源的 RAW 格式文件。Adobe 公司开发 DNG 格式的初衷是希望破除相机厂商在 RAW 格式文件方面的技术壁垒，能够实现一种统一的 RAW 格式文件标准，不再有细分的 CR2、NEF 等。虽然有哈苏、莱卡及理光等厂商的支持，但佳能及尼康等大众化的厂家并不买账，所以 DNG 格式并没有实现其开发的初衷。

当前，Adobe 公司的 Lightroom 软件会默认地将 RAW 格式文件转为 DNG 格式进行处理，这样做的好处是可以不必产生额外的 XMP 记录文件，所以你在使用 Lightroom 进行原始文件照片处理之后，是看不到 XMP 文件的；另外，在使用 DNG 格式文件进行修片时，处理速度可能要快于一般的 RAW 格式文件。但是 DNG 格式的缺陷也是显而易见的，兼容性是个问题，当前主要是 Adobe 旗下的软件在支持这种格式，其他的一些后期软件可能并不支持。

在 Lightroom 的首选项中，可以看到软件是以 DNG 格式对原始文件进行处理的，如图 1.17 所示。

图 1.17

PSD 格式

　　PSD 是 Photoshop 图像处理软件的专用文件格式，文件扩展名是 .psd，是一种无压缩的原始文件保存格式，我们也可以称之为 Photoshop 的工程文件格式（在计算机中双击 PSD 格式文件，会自动打开 Photoshop 进行读取）。由于可以记录之前处理过的所有原始信息和操作步骤，因此在图像处理中对于尚未制作完成的图像，选用 PSD 格式保存是最佳的选择。保存以后再次打开 PSD 格式的文件，之前编辑的图层、滤镜、调整图层等处理信息还存在，可以继续修改或者编辑，如图 1.18 所示。

　　也是因为保存了所有的文件操作信息，所以 PSD 格式文件往往非常大，并且通用性很差，只能使用 Photoshop 读取和编辑。

图 1.18

TIFF 格式

从对照片编辑信息保存的完整程度来看，TIFF（Tag Image File Format）与 PSD 格式文件很像。TIFF 格式文件是由 Aldus 和 Microsoft 公司为印刷出版开发的一种较为通用的图像文件格式，扩展名为 .tif。TIFF 是现存图像文件格式中非常复杂的一种，好在可以支持在多种计算机软件中进行图像运行和编辑。

当前几乎所有专业的照片输出，比如印刷作品集等大多采用 TIFF 格式。TIFF 格式存储后文件会变得很大，但却可以完整地保存图片信息。从摄影师的角度来看，TIFF 格式文件大致有两个用途：如果我们要在确保图片有较高通用性的前提下保留图层信息，那可以将照片保存为 TIFF 格式；如果我们的照片有印刷需求，可以考虑保存为 TIFF 格式。更多时候，我们使用 TIFF 格式主要是看中其可以保留照片处理的图层信息，如图 1.19 所示。

图 1.19

PSD 是工作用文件，而 TIFF 格式更像是工作完成后输出的文件。最终完成对 PSD 格式的处理后，输出为 TIFF，确保在保存大量图层及编辑操作的前提下，能够有较强的通用性。例如，假设我们对某张照片的处理没有完成，但必须要出门了，则将照片保存为 PSD 格式，回家后可以重新打开保存的 PSD 格式文件，继续进行后期处理；如果出门时保存为了 TIFF 格式，肯定会产生一定的信息压缩，再返回后就无法进行延续性很好的处理。而如果对照片已经处理完毕，又要保留图层信息，那保存为 TIFF 格式则是更好的选择；如果保存为了 PSD 格式，则后续的使用会让你处处受限。

GIF 格式

GIF 格式可以存储多幅彩色图像。如果把存于一个文件中的多幅图像数据逐幅读出并显示到屏幕上，就可构成一种最简单的动画。当然，也可能是一种静态的画面。

　　GIF 格式自 1987 年由 CompuServe 公司引入后，因其体积小、成像相对清晰，特别适合于初期慢速的互联网，而大受欢迎。当前很多网站首页的一些配图就是 GIF 格式。将 GIF 格式的图片载入 Photoshop，可以看到它是由多个图层组成的，如图 1.20 所示。

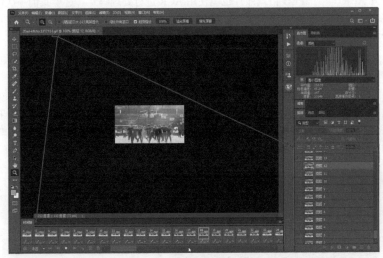

图 1.20

PNG 格式

　　相对来说，PNG（Portable Network Graphic Format）是一种较新的图像文件格式，其设计目的是试图替代 GIF 和 TIFF 文件格式，同时增加一些 GIF 文件格式所不具备的特性。

　　对于我们摄影用户来说，PNG 格式最大的用途往往在于其能很好地支持透明效果。我们抠取出主体景物或文字，删掉背景图层，然后将照片保存为 PNG 格式，将该 PNG 格式照片插入 Word 文档、PPT 文档或嵌入网页时，会无痕地融入背景，如图 1.21 所示。

图 1.21

1.3 ACR载入照片的5种方式

在摄影或是后期学习中，你总会遇到一些初学者会有这样的问题："怎样打开 ACR ？""JPEG 格式照片也能使用 ACR 进行处理吗？"这里我们一次性地介绍多种在 Photoshop 中进入 ACR 的方式，无论你要处理 RAW 格式原片，还是 JPEG 格式照片，均可以轻松进入 ACR 对照片进行专业级处理。

在 ACR 中打开 RAW

针对 RAW 格式原片。无论是佳能的 CR2 格式，尼康的 NEF 格式，还是索尼的 ARW 格式，只要你的 ACR 版本足够高，那么先打开 Photoshop，然后直接将 RAW 格式原片拖入到 Photoshop 中，就可以自动进入 ACR 处理界面，如图 1.22 所示。

图 1.22

借助 Bridge 将照片载入 ACR

针对 JPEG 格式照片。打开 Photoshop 软件，在"文件"菜单中选择"在 Bridge 中浏览"命令，打开 Bridge 界面，找到要处理的照片，右键单击该照片，选择"在 Camera Raw 中打开"命令，即可将该照片载入 ACR 处理界面，如图 1.23 所示。

图 1.23

Tips

需要注意的是，Bridge 当前已经从 Photoshop 软件套装中分离了出来，成为了一款单独的软件。所以如果要使用该软件，要单独进行下载。

Tips

如果是 RAW 格式，在 Bridge 中直接双击缩略图即可打开。

以 RAW 格式打开单张 JPEG

针对 JPEG 格式照片。打开 Photoshop 软件，在"文件"菜单中选择"打开为"命令，在弹出的"打开"界面中，单击选中照片，然后在右下角的格式列表中选择"Camera Raw"，最后单击"打开"按钮。这样即可将照片在 ACR 处理界面中打开，如图 1.24 所示。

图 1.24

Camera Raw 滤镜的调用

针对 JPEG 格式照片。先在 Photoshop 中打开要处理的 JPEG 格式照片，然后在"滤镜"菜单中选择"Camera Raw 滤镜"，就可以在 ACR 中打开该 JPEG 格式照片，如图 1.25 所示。

图 1.25

需要注意一点，在"滤镜"菜单中选择"Camera Raw 滤镜"可以将照片载入到 Camera Raw 滤镜，但你会发现该操作进入的界面与其他方式进入的不同，功能也不尽相同。如利用滤镜菜单操作进入的 Camera Raw 界面，虽然大部分功能可以使用，但缺少裁剪、拉直等工具。相对来说，还是彻底进入 ACR 后能够实现的功能更全面一些；通过滤镜菜单进入，虽然更为快捷，但是却有部分功能的使用会受到限制。

在 ACR 中批量打开 JPEG

如果想让拖入 Photoshop 的 JPEG 格式照片直接在 ACR 中打开，或者是想要一次性打开多张 JPEG 格式照片，那下面这种打开方式是必须要掌握的技巧。

打开 Photoshop，点开编辑菜单，在底部选择 Camera Raw 首选项，在打开的 Camera Raw 首选项中，单击切换到文件处理选项，在 JPEG 和 TIFF 处理这组参数 JPEG 后的下拉列表中，选择"自动打开所有受支持的 JPEG"，然后单击确定按钮返回即可，如图 1.26 所示。

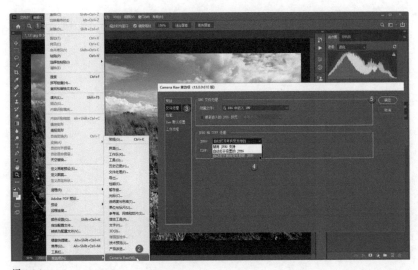

图 1.26

　　这样无论选中几张 JPEG 格式照片，将它们拖入 Photoshop 后，就会自动载入 ACR 当中，如图 1.27 所示。

图 1.27

第2章　ACR全方位应用

本章将对 ACR 这款软件的所有功能、工具以及这些功能与工具的常规用法进行介绍。

基本调整

本章将结合一张照片的具体后期过程，来介绍 ACR 的各种功能的详细使用方法。首先来看"基本"调整面板。

曝光

大多数情况下，在"基本"调整面板当中，可用第一个选项"曝光"来调整画面整体的明暗。打开照片之后，观察照片的明暗状态，如果感觉照片偏暗，那么可以提高"曝光"值来稍提亮照片；反之，则降低"曝光"值来压暗照片。

对于图 2.1 中的照片来说，整体是有一些偏暗的，所以提高"曝光"值，提高的幅度不宜过大。观察上方直方图波形可以看到，提高"曝光"之后，直方图的中心位置稍稍向右偏移了一些，如图 2.2 所示。

图 2.1

图 2.2

高光与阴影

"曝光"值改变的是照片整体的明暗，但仍有一些局部明暗状态可能不是很合理，细节的显示不是太理想，那时可以通过调整"高光"和"阴影"的值，来进行局部的改变。本片片当中，太阳周边亮度过高，那么可以降低"高光"值，这样可以恢复照片亮部的细节和层次。对于背光的暗部，同样丢失了细节和层次，因此提高"阴影"值，可以看到背光的山体部分显示出了细节，如图 2.3 所示。

图 2.3

白色与黑色

　　"白色"和"黑色"这组参数与"高光"与"阴影"有些相似，但这两组参数之间有明显差别。"白色"与"黑色"对应的是照片最亮与最暗的部分，只有"白色"足够亮，"黑色"足够暗，才能够让照片变得更加通透，看起来效果更加自然，影调层次更加丰富。通常情况下，在降低"高光"与提亮"阴影"之后，要适当地轻微提高"白色"的值，降低"黑色"的值，让照片最亮与最暗的部分的亮度变得合理起来。比较理想的状态是，"白色"的亮度达到 255，"黑色"的亮度达到 0，这样照片会变得更加通透，影调层次更加丰富，如图 2.4 所示。

图 2.4

　　在改变"白色"与"黑色"的值时，可以先大幅度提高"白色"的值，此时观察直方图右上角的三角标，如图 2.5 所示，待三角标变白之后，在直方图框中单击该三角标。

图 2.5

　　如图 2.6 所示，高光溢出或暗部溢出（指高光或暗部失去细节，成为纯白或死黑）的部分会以红色色块的方式显示，这表示警告高光出现了严重溢出。如果出现这种情况，要向左拖动"白色"滑块，或是向右拖动"黑色"滑块，避免大面积的高光溢出、暗部溢出。这里演示的只是白色部分的溢出情况，黑色部分不再演示，其原理是一样的。

图 2.6

对比度

对于"基本"面板当中的调整，通过之前的 5 个参数，我们可以将照片基本调整到位。第 6 个参数是"对比度"。通过对比度的调整，可以让画面反差变得更加明显，画面更加通透，影调层次更加丰富。如果反差过大，则需要降低"对比度"。很多初学者在调"对比度"时可能存在一个误区，往往要大幅度提高"对比度"的值，加强反差。大部分情况下这没有问题，但如果类似于本画面这种逆光拍摄的大光比场景，经常需要适当地降低"对比度"来降低反差，让画面由亮到暗的影调层次过渡变得更加平滑，如图 2.7 所示。一般来说，无论提高还是降低"对比度"，幅度都不宜过大，否则容易让画面出现失真。

图 2.7

白平衡

白平衡用于控制画面的基本色调。当前的相机，特别是中高档相机，它的白平衡如果设定为自动，相对来说还是比较准确的，如果出现画面色调、色彩不准确的问题，那么可以直接展开"白平衡"列表，在其中选择对应的白平衡即可。因为我们拍摄的是 RAW 格式文件，所以在"白平衡"列表当中有多种内置的白平衡模式，这与拍摄时直接在相机当中设定白平衡基本一致。本照片中画面的色彩没有太大问题，但为了讲解白平衡的功能，可以展开白平衡列表，在其中选择"阴天"，可以看到画面色彩有轻微改变，如图 2.8 所示。实际上这张照片虽然有明显的太阳光线，但因为被乌云遮挡，这更接近于多云或是阴天的场景，所以这里选择了"阴天"。比较容易混淆的是"阴天"与"阴影"这两个场景。"阴影"主要是对一些没有高光区域，有比较明显的背光区域的照片进行白平衡调整，类似于这种多云的天气，设定"阴天"白平衡效果会更好一些。

图 2.8

白平衡工具

　　白平衡调整的第二种方式是使用白平衡工具。具体使用时，在白平衡选项右侧单击"吸管"，也就是白平衡工具，然后将鼠标移动到照片中原本是白色或是灰色的区域上单击，以此位置为基准来还原照片的色彩，如图 2.9 所示。那么照片其他区域的色彩就会以此为基准进行还原，往往就能得到非常准确的色彩效果。后续会介绍参考色原理，相信大家就能够明白我们如此选择的原因。

图 2.9

如果利用白平衡工具单击的位置有明显的色彩倾向，那么这种调整是不够准确的。下方是"色温"与"色调"两个参数，这两个参数其实就是白平衡调整所改变的两个参数，无论我们选择特定的白平衡值，还是使用白平衡工具进行色彩的调整，本质上调整的都是这两个参数。如图 2.10 所示，"色温"对应的是蓝色与黄色，也就是冷色调与暖色调，"色调"对应的则是绿色与洋红色，这两种色彩对应的是照片的一种色彩偏好。即便我们不进行白平衡模式的选择，不使用白平衡工具调整画面色彩，也可以直接通过判断画面色彩来改变"色温"与"色调"的值，让照片的色彩变得合理。

图 2.10

2.2 校正

下面我们再来看"校正"面板，"校正"面板主要针对的是"光学"面板。打开"光学"面板，在其中可以看到"删除色差"与"使用配置文件校正"这两个复选框。

删除色差

如图 2.11 所示，我们放大照片可以看到，照片中在明暗反差非常大的边缘线位置，有明显的紫边现象，有的照片中则会有绿边现象，这是一种色差。一般来说，在高反差交界线的位置容易产生。

图 2.11

如图 2.12 所示，要修复这种色差，直接勾选"删除色差"复选框，可以看到这种色差就会被很好地修复掉。

图 2.12

使用配置文件校正

如果我们使用广角镜头拍摄，通常可以发现照片四周会存在一些比较明显的暗角，如图 2.13 所示，这是由于镜头边缘通光量不足所导致的，这样的暗角会让画面整体的曝光显得不是特别均匀。

图 2.13

　　要修复这种暗角，可以勾选"使用配置文件校正"这个复选框，可以看到四周的暗角得到了提亮，画面的整体曝光变得更加均匀，如图 2.14 所示。实际上，如果使用超广角镜头拍摄，除暗角之外，画面四周可能还会存在一些几何畸变。因为例图画面是自然风光，因此几何畸变不是特别明显。如果是拍摄建筑等题材，那么四周的几何畸变可能会更明显一些。勾选"使用配置文件校正"复选框后，无论暗角还是畸变都会得到修正。

图 2.14

载入配置数据

　　当然，使用配置文件能否让画面得到校正还有一个决定性因素，即镜头配置文件是否被正确载入。大多数情况下，如果我们使用的是与相机同一品牌的镜头，也就是原厂镜头，那么下方的机型及配置文件都会被正确载入。如果我们使用的镜头与相机非同一品牌，也就是副厂镜头，那么可能就需要手动选择镜头的型号，如图 2.15 所示。这样，即便是使用副厂镜头拍摄，也能够载入校正文件，让画面得到合理的、明暗均匀的曝光，并且让畸变得到很好的矫正。

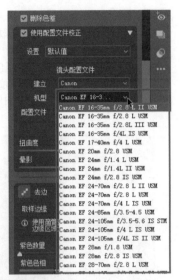

图 2.15

校正量恢复

"使用配置文件校正"下方还有一组参数为"校正量"。"校正量"可以避免软件自动校正过度，导致画面四周变得太亮。因此，可以在"校正量"参数中稍稍向左拖动"晕影"参数，从而避免四周过亮。"扭曲度"参数也可以这样调整，向左拖动表示降低校正量，向右拖动则表示提高校正量。本照片中可以适当降低"晕影"参数，避免四周过亮，如图 2.16 所示。

图 2.16

手动校正

有一些特殊情况会导致软件的自动校正不能达到非常完美的效果，这时就需要进行手动校正，或者我们打开的是一些没有拍摄数据的照片，那么软件也无法自动完成校正，这时就需要进行手动校正。

如图 2.17 所示，假设这张照片，我们通过自动校正没有将色差完全修复掉，这时切换到"手动"面板，在下方可以看到"去边"这组参数，其中有紫色和绿色色差两组调整参数。本例当中主要是紫色色差，所以首先将"紫色色相"定位到色差颜色，即确保色差颜色落到两个滑块中间即可，然后稍稍提高"紫色数量"值就可以完成对紫边的修复。可以看到，通过这种手动修复，边缘的色差也被很好地修掉了，如图 2.18 所示。

图 2.17

图 2.18

2.3　偏好调整

在"基本"面板底部是两组比较特殊的参数，一组是"纹理""清晰度""去除薄雾"，另一组是"自然饱和度"与"饱和度"。

清晰度与纹理

纹理主要用于提升画面整体的锐度，类似于细节面板中的锐化，如图 2.19 所示。

图 2.19

清晰度用于强化景物的轮廓线条，让景物自身更清晰，如图 2.20 所示。

图 2.20

去除薄雾

稍稍提高去除薄雾的值，可消除照片当中的雾霾，让画面更加通透。

这张照片当中基本没有太多雾霾或雾气，所以只需稍稍提高去除薄雾的值，让照片更通透一些，但值一定不能过大，如图 2.21 所示。

图 2.21

自然饱和度与饱和度

"自然饱和度"与"饱和度"之间的关系非常简单，对于大多数的照片，我们主要是调整"自然饱和度"。所谓的"饱和度"调整，是指不区分颜色的分布状态，整体上提高所有色彩信息的饱和度，或是降低所有色彩信息的饱和度，让色感整体变强或是变弱。但是"自然饱和度"却不是如此，我们提高"自然饱和度"时，软件会检测照片当中各种不同色彩的强度，它只提高原本色感比较弱，也就是饱和度比较低的一些色彩的饱和度。如果降低"自然饱和度"的值，软件同样会进行检测，只降低饱和度过高的一些色彩的饱和度，这样会让画面的整体效果显得更加自然一些，如图 2.22 所示。

图 2.22

2.4　色调曲线

ACR 当中的"曲线"功能与 Photoshop 当中的"曲线"基本上一致，这里进行简单介绍，后续在 Photoshop 功能运用当中会详细介绍"曲线"功能的使用方法。

参数曲线

展开"曲线"面板，在其中选择"调整"列表中的第一项，也就是参数曲线。此时，在曲线框下方可以看到"高光""亮调""暗调""阴影"4 个参数，如图 2.23 所示。

具体调整时，只要分别拖动这 4 个参数的滑块，就可以实现很好的调整。"高光"与"阴影"对应的是照片当中最亮与最暗的部分；"亮调"与"暗调"对应的则是整体上的亮调部分与暗调部分。这个比较容易理解，即便是不理解，那么拖动滑块就可以看到曲线的变化，实现特定的调整效果，如图 2.24 所示。

图 2.23

图 2.24

点曲线

在曲线的"调整"列表中，第二项为点曲线，点曲线与 Photoshop 中的曲线基本一致。如图 2.25 所示，可以看到下方没有了参数项，而是出现了"输入""输出"两个值。在后期软件当中的输入与输出，是非常有代表性的两个参数，输入对应的是照片的原始状态，输出对应的是照片调整之后的状态。

图 2.25

输入与输出

如图 2.26 所示，在点曲线右上方单击并点住右上方的锚点，此时可以看到，"输入"为255，"输出"为249，这表示原始照片我们选择的像素亮度是 255 级亮度，即选择的是纯白色。调整之后，"输出"值是 249，这表示我们点住了右上角的锚点向下拖动，将原本的白色调整为了 249，压暗了一些。

曲线调色

在"曲线"面板的"调整"列表中，右侧三个选项为红色曲线、绿色曲线和蓝色曲线，

图 2.26

通过这三条不同的曲线就可以实现调色。在 ACR 的曲线调色过程中，我们每选择一种不同的色彩曲线，就可以在曲线框中看到曲线上下两部分对应的是不同的颜色。这种有不同颜色标志的曲线对于初学者是非常友好的。比如说在蓝色曲线当中创建一个锚点，向下拖动，表示让照片向偏黄的方向发展，如图 2.27 所示。

图 2.27

如果选择红色曲线，那么一般来说我们会让高光部分，也就是太阳周边变得暖一些，在曲线的右上方创建一个锚点，点住并向上拖动，对于暗部，则要保持原有的冷色调，所以我们会在左下部分创建一个锚点，向下拖动恢复，这样画面的色彩会更自然一些，如图 2.28 所示。

图 2.28

在蓝色曲线中，高光部分增加黄色，暗部进行恢复，这样是合理的调色方式。可以看到，经过这样简单的轻微调色，画面并没有出现太大问题，并且色彩还是比较纯净的，如图 2.29 所示。

图 2.29

目标调整工具

实际上，不止"曲线"面板，在后续将要介绍的"混色器"等面板中都存在一个目标调整工具，这同样是对初学者非常友好的一个功能。比如说我们选择点曲线调整，然后在右侧选择目标调整工具，并将鼠标移动到想要提亮或是压暗的位置，点住后向左或向右拖动，就可以实现局部明暗的调整。本例中地景亮度比较高，因此将鼠标移动到地景上点住并向左拖动，可以看到，地景被压暗，实际上表现在曲线上，也是曲线左下部分被向下拖动了，如图 2.30 所示。

图 2.30

　　天空部分亮度比较低，因此将鼠标移动到天空部分，点住并向右拖动进行提亮，这样形成了一条非常轻微的"S"形曲线，这表示强化了画面的反差，也就是加强了对比度，照片变得更通透一些，如图 2.31 所示，这是目标调整工具的使用方法。

图 2.31

2.5 画质优化

在"细节"面板中我们可以看到有"锐化"及"减少杂色"两组参数。"锐化"这组参数主要用于调整照片的锐度,提高画面的清晰度,"减少杂色"这组参数主要用于消除照片当中的噪点。

锐化与细节

锐化这组参数中包含了"锐化""半径""细节"和"蒙版"四个参数,如图2.32所示。一般来说,"锐化""半径""细节"这三个参数都可用于提高照片的锐化程度。其中最常用的是"锐化",如果提高"锐化"值,那么画面的锐利程度会得到明显提升。但要注意,数值不宜提得过高,否则画面的细节会出现不自然的问题。"细节"也是如此,它表示通过提高细节的值,让画面当中的细节信息更加丰富、清晰和锐利。

图 2.32

半径

这里单独讲一下"半径",因为这个值可能会比较抽象。"半径"其实非常简单,如果提高"半径"值,它也可以加强锐化程度,让画面变得更加清晰锐利。如果降到最低,那么对于"锐化"与"细节"的调整效果也会变弱,如图2.33所示。

图 2.33

实际上，"半径"值是指像素的距离，比如说我们设定某一个"半径"值，那么它是指以某个像素为基点，向周边扩展我们所设定的"半径"值数量的像素，如图 2.34 所示。假设设定"半径"为 8，那么选定某个像素之后，向周边扩展 8 个像素，在这个范围之内像素之间的对比度和清晰度会被强化，也就是会被锐化。如果设定的"半径"为 2，那么这个像素周边两个像素范围之内的像素会被强化对比度，锐化效果自然会变得弱一些，这是锐化的原理。

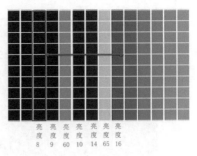

图 2.34

蒙版

锐化这组参数中最下方的参数为"蒙版"，"蒙版"的功能非常强大，它主要用于限定我们进行锐化处理的区域。调整时，按住键盘上的 Alt 键，点住滑块并向右拖动，可以看到照片中有些区域变为白色，有些区域变为黑色，如图 2.35 所示。白色表示进行锐化之后所影响的区域，黑色表示不进行调整的区域，即通过"蒙版"值的限定，限定了锐化的一些区域。一般来说，主要锐化的是景物比较明显的边缘区域，大片的平面区域则不进行锐化，比如说像天空等位置，是不需要进行锐化的。

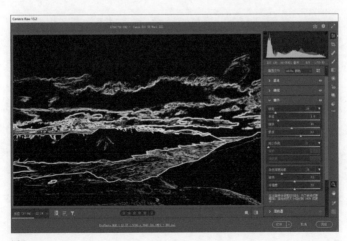

图 2.35

减少杂色

与锐化相对应的是降噪，降噪有两组参数，一组是"减少杂色"，另一组是"杂色深度减低"，首先将这两组参数都归零，如图 2.36 所示。

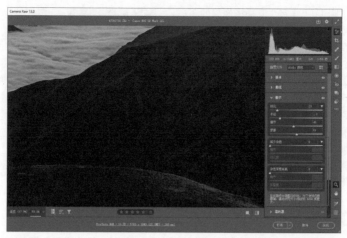

图 2.36

　　现在将"减少杂色"值适当地提高，然后对比调整前后的效果，可以看到照片当中的噪点明显变少。这张照片因为我们后期进行了大幅度的提亮，特别是对暗部，那么暗部就会产生噪点，通过提高"减少杂色"的值，可以看到噪点明显变少了，如图 2.37 所示。

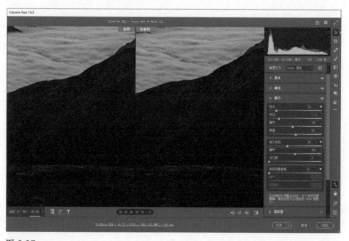

图 2.37

杂色深度减低

　　"杂色深度减低"主要用于消除照片当中彩色的噪点。它与"减少杂色"不同，"减少杂色"用于消除单色的噪点，而"杂色深度减低"则用于消除彩色的噪点。可以看到，提高"杂色深度减低"之后，画面当中的彩色噪点得到了消除，如图 2.38 所示。

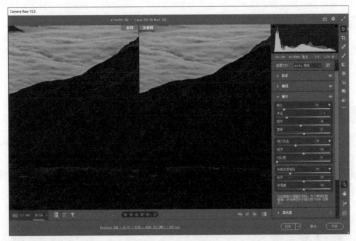

图 2.38

2.6　调色

之前我们所介绍的一些功能和参数主要针对的是照片的影调和画质，下面我们再来看看 ACR 当中的一些调色技巧。

原色

首先来看"校准"面板中的原色，展开"校准"面板，在其中可以看到"原色"这组参数，如图 2.39 所示。

校准面板在近年来的摄影后期处理当中非常流行。进入面板看到这些参数之后许多初学者可能不明所以，不知道不同调整项所代表的意义，其实非常简单。实际上是借助于不同的原色调整快速统一画面色调。

这里以蓝原色为例介绍，如果向左拖动蓝原色滑块，那么画面当中的冷色系，都要向青色方向靠拢（蓝原色色条左侧为青色），这样就让冷色系变

图 2.39

得趋于一致，变得统一；如果向右拖动滑块，则画面冷色调会向蓝色统一（蓝原色色条右侧为蓝色）。

（原色）饱和度

本例中，向左拖动蓝原色滑块，可以看到照片当中的冷色系开始整体趋向于青色，变得一致和协调。

提高下方的饱和度，那么画面中冷色调饱和度变高，如图 2.40 所示。除此之外，暖色调也会向冷色调的补色方向偏移（第 5 章介绍补色原理）。

图 2.40

颜色分级功能分布

颜色分级面板在 ACR 12.4 之前的版本中称为分离色调，新版本的颜色分级功能更为强大，可以让一些大光比的照片变得非常漂亮如图 2.41 所示。在该面板中，可以对高反差的照片进行亮部及暗部色彩的分别渲染，比如说为亮部区域渲染一种暖色调，为暗部渲染一种冷色调，产生强烈的冷暖对比，达到一种漂亮的色彩效果。

进行色彩渲染时，只有提高对应的饱和度后，渲染的色彩才能起作用，面板上方的色相用于确定渲染哪一种色彩。

图 2.41

高光渲染

　　针对这张照片，对于高光区域，一般要渲染暖色调。"高光"用于限定照片的亮部渲染哪一种颜色，这里我们为高光渲染暖色调，如图 2.42 所示。

图 2.42

　　因为感觉渲染的色彩过于偏红，所以稍稍向右拖动色相滑块，让渲染的色彩不会过于偏红，如图 2.43 所示。

49

图 2.43

暗部渲染

暗部我们渲染了青蓝色，可以看到渲染之后画面色彩变得更加和谐、干净，如图 2.44 所示。

图 2.44

混合与平衡

"平衡"是指通过拖动"平衡"滑块来限定我们对高光与暗部的色彩渲染更加倾向于哪一边，如图 2.45 所示。比如说向左拖动"平衡"滑块，就表示我们对暗部进行的渲染所占的比重更高一些，而降低对高光部分色彩渲染的强度；反之则是加强对高光部分色彩渲染的强度，降低暗部色彩渲染的强度，让画面的色彩整体倾向于更冷或是更暖。

图 2.45

中间调与全局

"中间调与全局"是新版本的 ACR 所增加的功能，主要用于对中间调区域或是画面整体的区域进行色彩渲染，如图 2.46 所示。一般来说，我们主要对高光和暗部分别进行色彩渲染即可，如果对中间调或是全局进行色彩的渲染，那么容易导致画面出现严重的偏色问题。

图 2.46

HSL 与颜色

在"混色器"功能中，有两个调整选项，分别为 HSL 和"颜色"，这两种调整本质上并没有什么不同，它们调整的都是 HSL，H 代表色相，S 代表饱和度，L 代表明亮度。这两个选项只是参数功能的组合方式不同，可以分别进行设定和查看。

设定 HSL 之后，可以看到，多种不同颜色的"色相"统一集中起来，展示在一个面板当中，"饱和度""明亮度"也是如此。

"颜色"调整则是每一种颜色的色相、饱和度、明亮度放在一个面板当中，是以颜色为基准进行分类的，如图 2.47 所示。

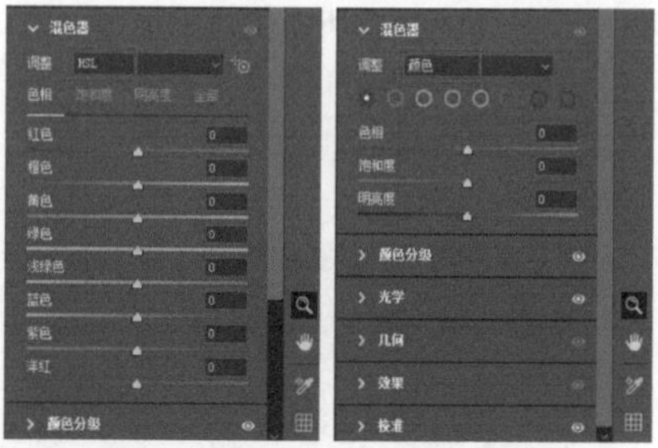

图 2.47

暖色的统一

本例中，首先进行"色相"的调整。观察照片发现，高光中的天空黄色、红色和橙色都是存在的，但是这些不同的色相，虽然让高光部分显得比较自然，但是比较杂乱，那么画面就不是那么干净。实际上，我们可以通过调整"色相"滑块，从而让高光部分变得更加干净一些。首先向左拖动"黄色"滑块，可以让黄色变暖一些，再向左拖动"橙色"滑块，继续让黄色变暖，向偏橙色的方向发展。然后向右拖动"红色"滑块，让红色也向偏橙色的方向发展。通过这样的调整，就将天空部分的色彩，特别是暖色调部分变得更加统一，整体偏橙色，显得非常干净，如图 2.48 所示。

图 2.48

冷色的统一与优化

实际上，暖色调向橙色方向发展，冷色调向蓝色方向发展，这样无论暖色调部分和冷色调部分都变得非常干净，这是色相的一种用法。前面我们统一的主要是暖色调，下面再来看冷色调。对于冷色调，可以看到，照片的暗部虽然是青蓝色，但是蓝色当中带有紫色，显得不是太纯粹。因此，通常情况下，要向左拖动"蓝色"滑块和"紫色"滑块，让蓝色变得更加纯净，这样就统一了冷色的色调，如图 2.49 所示。

图 2.49

饱和度的调整

　　对于自然风光摄影来说，大部分情况下，画面当中会存在饱和度过高的一些色彩。饱和度容易过高的色彩主要是蓝色、青蓝色等冷色调。因为一般来说，高光部分的橙色、黄色、红色等饱和度不会显得太高，但暗部背光部分只要有稍稍的冷色调感觉就行，没有必要让这种冷色调饱和度太高，否则画面就会显得不自然、太腻。对于本画面也是如此，画面当中，天空的冷色调太重，它与暖色调形成强烈的冲突，显得主次不够分明，因此切换到"饱和度"子面板，降低"浅绿色""蓝色""紫色"的饱和度，这样让画面的色彩主次更加分明一些，显得更有秩序感，如图 2.50 所示。

图 2.50

明亮度的调整

降低"蓝色"等饱和度之后，画面的层次感会变弱，这时要切换到"明亮度"子面板，降低"浅绿色""蓝色""紫色"的明亮度，通过压暗来追回这部分的影调信息，让画面有更好的反差，如图 2.51 所示。

图 2.51

目标调整工具

在"混色器"面板右侧，也有一个目标调整工具。选择该工具之后，在画面中单击鼠标右键，可以在弹出的菜单中选择不同的调整项，比如说"饱和度""明亮度"等都可以这样调整，如图 2.52 所示。

图 2.52

如图 2.53 所示，对于高光区域，可以点住并向右拖动，提高高光部分的饱和度，这就是前面所介绍的知识点。对于冷色调部分，往往要降低它的饱和度，而对于暖色调部分，往往还要增加它的饱和度。当然，借助于目标调整工具，我们还可以对"色相""明亮度"等进行调整，这里就不再演示了。

图 2.53

2.7　局部调整

下面我们来看一个比较核心的功能——局部调整。局部调整主要是指借助于调整画笔、渐变工具、渐变滤镜、径向滤镜，来实现照片局部影调及色彩的调整，最终让画面整体变得更加干净，主次更加分明，效果更加理想。

参数复位

选择调整画笔工具，然后在下方的参数面板右上角单击"复位参数"按钮，这样可以将我们之前设定过的参数复位，如图 2.54 所示。然后可以重新设定参数，对照片的局部进行调整。

图 2.54

画笔局部修复功能

本例中，近处的地面亮度过高，因此就可以设定降低"曝光""高光"和"白色"值，然后在近景的地面涂抹擦拭，这样可以将地景亮度压下来，避免该区域干扰注意力，如图 2.55 所示。

图 2.55

参数再微调

调整之后，如果感觉调整的幅度不太合理，那么在确保当前的调整处于激活状态的情况下，也就是画笔依然是红色选中状态，继续微调参数值，可以让调整效果变得更加明显，更加符合我们的预期，如图 2.56 所示。调整画笔非常灵活，可以对一些比较散、比较碎的区域进行调整。

图 2.56

制作光感

利用径向滤镜可以创建一个圆形或椭圆形的区域，然后可以对这个区域进行提亮和压暗操作，多用于制作一些光线效果或进行局部调亮及压暗。本例当中，我们可以沿着太阳光线的位置制作径向区域，制作出隐约的光感，让画面的光线布局更加合理。选择"径向滤镜"之后，沿着太阳的位置由远及近制作一个径向区域，然后调整参数。参数设定主要是稍稍提高"曝光""高光""阴影"。因为模拟的是太阳光照的效果，因此往往还要稍稍提高"色温"和"色调"的值，让光线变暖一些。另外，还要稍稍降低"黑色"的值，如果不降低"黑色"，那么我们制作的光感区域光线会比较明亮、模糊，显得对比度不够，所以如果稍稍降低"黑色"，会让光感更加自然一些。这样经过调整，我们隐约能感觉到，有一束由太阳周边照向近景的光线，这更加符合自然规律，如图 2.57 所示。

图 2.57

之后，鼠标移动到近景的一些受光面上拖动出较小的一些径向区域，对这些区域进行提亮，模拟出太阳光照到的效果，如图 2.58 所示。

图 2.58

汇聚光线

第 3 种局部调整工具为渐变滤镜，选择"渐变滤镜"之后，由天空上方向下拖动制作一个渐变区域，参数调整为降低"曝光"值，这样可以让天空产生一个由暗到亮的渐变，从而起到汇聚光线的作用，避免因为四周亮度太高让画面显得光线不够理想，如图 2.59 所示。

图 2.59

用同样的方法我们可以在图像四周制作渐变，让图像四周被压暗，从而让观者的视线汇聚到画面中间比较重要的景物上，如图 2.60 所示。

图 2.60

局部影响区域修改

对于本例来说，压暗天空之后我们发现，照片左上角和右上角因为原本就带有暗角效果，压暗之后，左上角和右上角亮度变得过低。针对这种情况，我们可以单击选中之前创建的渐变滤镜，然后在参数面板上方选择擦除工具，然后将左上和右上角的调整效果擦除掉，从而让画面天空部分的渐变显得更加流畅、自然，如图 2.61 所示。

图 2.61

第3章　Photoshop重点工具的使用技巧

本章我们将详细介绍在 Photoshop 软件中进行后期处理时较为常用的几大工具的使用技巧。

3.1 瑕疵修复工具

污点修复画笔

　　首先，将要处理的照片在 ACR 中打开，可以看到原片效果，如图 3.1 所示。
　　我们按照之前所介绍的一些技术操作要领对照片进行优化，得到当前的画面效果。之后单击"打开"按钮，将照片在 Photoshop 中打开，准备进行污点的修复。实际上在 ACR 中也有污点修复画笔工具，但是对于一些比较复杂的污点，还是在 Photoshop 中进行修复的效果会更好一些。

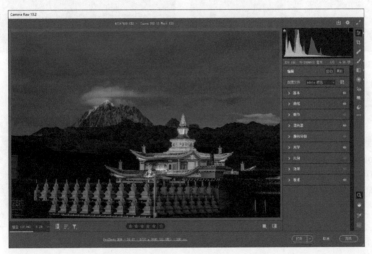

图 3.1

　　在 Photoshop 中打开照片后，在左侧的工具栏中的污点修复画笔工具组上长按鼠标左键，会展开工具列表，在其中选择污点修复画笔工具，如图 3.2 所示。然后在照片画面中单击右键，弹出画笔调整面板，在其中可以设置"大小""硬度"等参数，如图 3.3 所示。一般来说，"硬度"不宜调为 0，也不宜调为最高，个人比较习惯使用 35% 左右的硬度。"大小"则要根据污点的大小进行适当的调整。这里有一个技巧，我们可以设定好"硬度"之后，对于"大小"暂时不做调整，然后将输入法切换为英文状态，

图 3.2

图 3.3

在键盘上按 [或] 键，就可以调整画笔的大小。

对于照片右下角的两面旗子，我们可以缩小画笔直径到合适的程度，点住并涂抹，这样就可以将旗子修复掉，如图 3.4 和图 3.5 所示，可以看到这里修复掉了右侧的旗子。

图 3.4

图 3.5

修复画笔

在污点修复画笔工具组中，第 2 个工具是修复画笔工具，如图 3.6 所示，这个工具与 Photoshop 中的"仿制图章工具"比较像，都需要用户在正常像素位置进行取样，然后用正常位置的像素来填充一些污点或瑕疵区域。

如果我们不进行取样，直接在照片上单击，则会弹出警告标记，此时直接单击"确定"按钮，如图 3.7 所示。

图 3.6

图 3.7

然后按住键盘上的 Alt 键，在我们将要修复的瑕疵周边单击鼠标，此时鼠标光标会发生变化。单击取样之后，然后再将鼠标移动到要修复的瑕疵上，这里我们要修复这个白点。缩小画笔直径之后在白点上进行单击，就可以将这个污点修掉，如图 3.8 和图 3.9 所示，这与仿制图章工具的用法基本一致。

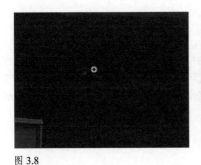

图 3.8   图 3.9

修补工具

第 3 个工具是修补工具，如图 3.10 所示，选择修补工具之后，用鼠标圈选出要修补的区域，这里要将这两根电线杆修掉，如图 3.11 所示。

图 3.10   图 3.11

将其圈出来之后，将鼠标放到建立的选区上，点住并向右侧没有电线杆的区域拖动，那么软件会用拖动位置的正常像素来模拟和填充电线杆位置的像素，也就是将电线杆遮挡住。这样就完成了修复，可以看到修复效果还是非常理想的，毫无痕迹，如图 3.12 和图 3.13 所示。

图 3.12   图 3.13

污点修复画笔工具组中的最后一个工具是内容感知移动工具，这个工具的用途非常广泛，下面来进行介绍。首先打开"历史记录"面板，如图3.14所示，在其中单击最后一个"修复画笔"，这样就回到了使用"修补工具"之前的状态，那么两根电线杆就被还原了回来，这时再选择"内容感知移动工具"，如图3.15所示。

图 3.14   图 3.15

接下来在电线杆一侧有正常像素的区域进行圈选，圈选的区域要大于电线杆所覆盖的区域。圈选出来之后，鼠标移动到选区内，点住并将这个选区之内的像素移动到电线杆区域，将其覆盖，如图3.16和图3.17所示。

图 3.16   图 3.17

拖动到合适位置之后，还可以将鼠标移动到四周的调整线上进行拖动，改变拖动区域的大小。然后松开鼠标，按Enter键，这样就用正常的像素覆盖了要修补的瑕疵区域。可以看到，修补的效果也是非常理想的，如图3.18和图3.19所示。实际上，我们之所以说"内容感知移动工具"功能非常强大，还在于我们可以用这种方法复制天空中的一些飞鸟、地面上的一些动物等，并且还可以对复制出的新元素进行翻转，或者调整大小。

图 3.18　　　　　　　　　　　图 3.19

仿制图章

　　接下来再看仿制图章工具，如图 3.20 所示。前面已经说过，仿制图章工具与修复画笔工具是非常相似的。

图 3.20

　　选择该工具后，我们尝试用该工具修掉画面右下角的另一面旗子。首先将鼠标移动到旗子旁边正常像素的位置，按住 Alt 键，单击鼠标进行取样，然后松开鼠标，再将鼠标移动到旗子上，单击点住并拖动，这样就可以用正常的像素来填充有瑕疵区域的像素，从而完成修补的效果，最终修复效果也是非常理想的，如图 3.21 和图 3.22 所示。

图 3.21　　　　　　　　　　　图 3.22

消失点

　　前面介绍了污点修复画笔工具、修复工具及仿制图章工具等，可以对一些单独的瑕疵实现非常完美的修复。实际上，在瑕疵修复的实例中，我们可能还会面临一种比较复杂的情况，即要修复的瑕疵背景是非常有规律的，并且有透视性的变化。那么这时如果用污点修复画笔工具等进行修复，就会导致产生一些杂乱的像素纹理，与周边正常像素不太兼容，也就是修复效果不理想。这时我们就需要使用"滤镜"菜单中的"消失点"滤镜。比如说在这个案例当中，画面左侧存在一片遮挡物，它遮挡住了左侧的一部分塔，如图3.23所示。如果我们使用污点修复画笔工具等直接进行涂抹，那么涂抹区域的纹理会发生紊乱，与周边不够兼容，画面就会显得不够自然，这时就需要使用消失点滤镜来进行修复。

如图3.24所示，打开"滤镜"菜单，选择"消失点"命令，会进入一个单独的"消

图3.23

失点"界面。首先选择"放大工具"，放大画面的左下角，如图3.25所示。

图3.24

图3.25

接下来在工具栏中选择"建立参考点工具"，并将鼠标移动到照片中，接下来要找一些每一个位置都有的明显的参考点。第1个点选择图示位置的塔顶端，然后单击。第2个位置选择下方塔底部的平台进行单击，然后向左侧移动，如图3.26和图3.27所示。

图3.26

图3.27

按照同样的方法，分别在左侧下方与上方选择两个参考点并单击，这样确立了4个参考点后，就生成了一个修复区域。需要注意的是，右侧所建立的两个参考点，与左侧所建立的参考点，它们位置是相对应的，只是因为透视的关系，所以说所生成的方形区域并不是特别规则。这时将鼠标放到左侧的竖线上，点住并向左拖动，软件会模拟出这些塔应有的透视变化规律。鼠标拖动到画面

左侧完全覆盖住遮挡物之后，松开鼠标，如图 3.28 和图 3.29 所示。

图 3.28

图 3.29

　　在左侧工具栏中选择仿制图章工具，按住 Alt 键，在有塔的位置单击取样。然后将鼠标移动到画面左侧的遮挡物上进行涂抹，这样就可以将遮挡物修复掉，并且塔是呈现规律性变化的，如图 3.30 和图 3.31 所示。当然，在修复左侧选择参考点时应该观察，要让用于修补的像素与背景的像素非常完美地融合起来。

图 3.30

图 3.31

　　修补完成后，按键盘上的回车键即可，最后单击界面右上方的"确定"按钮，就完成了这种规律性瑕疵的修复。至于上方的一些干扰物等，就可以直接用污点修复画笔工具进行修复了，这样我们就完成了这张照片的整个修补过程，如图 3.32 和图 3.33 所示。

图 3.32

图 3.33

3.2 画笔与吸管工具

画笔的设定

下面介绍画笔工具的使用方法。在工具栏中的画笔工具上长按鼠标左键，可以展开画笔工具组列表，然后在其中选择画笔工具即可，如图 3.34 所示。

图 3.34

选择画笔工具之后，在上方的画笔选项栏中，单击倒三角按钮，可以展开画笔参数设定面板，如图 3.35 所示，在上方的选项栏中可以设定画笔的"不透明度"和"流量"。一般来说，在摄影后期当中，画笔的"不透明度"经常要设定得低一些，这样后续的修图效果会更加自然。"流量"也可以适度进行降低。至于画笔的"大小"和"硬度"，与之前介绍的污点修复画笔工具的"大小"和"硬度"基本一致。将画笔的"硬度"降为最低时，可以看到下方的"常规画笔"列表中默认选择的是"柔边圆"，如果选择"硬边圆"，那么上方的"硬度"参数会自动变为 100%。当然，要调整画笔的参数，我们还可以在照片工作区单击鼠标右键，也可以弹出画笔参数调整面板，在其中进行调整，如图 3.36 所示。

图 3.35

图 3.36

画笔与空白图层

下面通过一个具体的案例，来介绍画笔工具的几种常用方法。首先介绍利用画笔工具来调整照片局部的明暗。在"图层"面板下方单击"创建新的空白图层"按钮，创建一个新的空白图层。然后在工具栏下方单击"设置前景色"色块，在弹出的"拾色器"对话框中将鼠标移动到左上角，这样可以将前景色设置为纯白色，然后单击"确定"按钮，如图 3.37 所示。选择画笔工具，在选项栏中将"不透明度"降为 10% 左右，适当降低"流量"的值，然后在照片中想要提亮的位置进行轻轻涂抹，就可以看到想要提亮的位置被轻微地提亮了，这样的效果是非常自然的，如图 3.38 所示。

图 3.37　　　　　　　　　　　　　　图 3.38

　　对于想要变暗的区域，可以在工具栏中单击"切换前景色和背景色"按钮，即可将背景色改为前景色，然后单击"设置前景色"色块，弹出"拾色器"对话框，将鼠标移动到左下角，将前景色设置为黑色，然后单击"确定"按钮，如图 3.39 所示。这时保持画笔工具很低的"不透明度"，然后在照片中想要变暗的位置进行涂抹，可以将这些位置压暗，这是画笔工具与空白图层的使用方法，如图 3.40 所示。通过这种操作，可以局部提亮或压暗照片当中的某些区域，从而改变照片的影调。

图 3.39　　　　　　　　　　　　　　图 3.40

吸管工具

　　实际上，在使用画笔工具时，它经常要与吸管工具结合起来使用。在本例中，我们可以发现画面左下角是没有平流雾的，结合画笔工具与吸管工具，我们可以制作出非常好的平流雾。

　　首先再次创建一个空白图层，如图 3.41 所示。然后在工具栏中选择吸管工具，并移动到平流雾的边缘位置，之所以再次取色，是因为我们想用这个位置的平流雾颜色来填充左下角没有平流雾的区域。也就是说，要在左下角绘制这个颜色的平流雾。此时可以看到前景色变为了取样位置的颜色，如图 3.42 所示。

图 3.41

图 3.42

画笔造流云

如果我们要用画笔工具绘制流云或平流雾，选择一般的画笔是不行的，需要在画笔列表中选择一些第三方的画笔样式，这里我们选择的是"后期强流云 03"，如图 3.43 所示。当然，类似这种画笔的样式在网上有很多的素材可供下载，下载之后将其放在合适的文件夹中，就可以载入 Photoshop。

图 3.43

选择画笔后，可以看到该画笔有三个选区，缩小画笔"直径"，然后降低画笔的"不透明度"，在左下角没有平流雾的位置进行拖动涂抹，就可以制作出平流雾，如图 3.44 所示。制作出平流雾之后，亮度非常高，因此创建一个曲线调整图层，然后在打开的"曲线"调整面板下方，单击"剪切到图层"按钮，然后向下拖动曲线，就可以降低所绘制的平流雾的亮度，让绘制的平流雾效果更自然一些，如图 3.45所示。有关于曲线的用法，后续我们还会进行详细介绍。

图 3.44

图 3.45

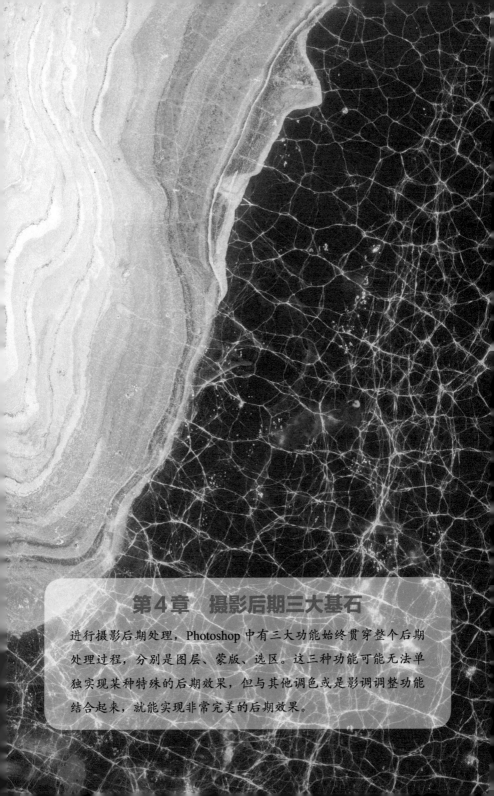

第4章　摄影后期三大基石

进行摄影后期处理，Photoshop 中有三大功能始终贯穿整个后期
处理过程，分别是图层、蒙版、选区。这三种功能可能无法单
独实现某种特殊的后期效果，但与其他调色或是影调调整功能
结合起来，就能实现非常完美的后期效果。

图层的作用与用途

在 Photoshop 中打开一张照片，在界面右下角的"图层"面板当中可以看到图层的图标，如图 4.1 所示。

图 4.1

所谓的图层，我们可以看到它基本上等同于照片的缩略图，我们对这张照片进行了换天处理，可以看到天空换了一个更具表现力的背景，如图 4.2 所示。

操作之后，在"图层"面板当中会看到出现了更多的图层，每个图层可以实现不同的功能。

第 1 个图层对应的是我们在照片中录入的文字，也就是说，图层有像素图层，也有文字图层，甚至还有其他的调整图层。

第 2 个图层是我们更换的天空背景。

第 3 个图层名为前景光照，它解决的是地景与天空的光线协调问题。

第 4 个图层为前景色图层，它解决的是地景与天空的色调协调问题。

第 5 个图层就是我们最初打开的原始照片，也就是原始图层。

这样 5 个图层既彼此独立又互相组合，最终让照片呈现出了完全不同的效果。

图 4.2

图层不透明度与填充

　　要处理某个图层的信息，首先要在"图层"面板中单击选中这个图层，选中之后要适当弱化文字的效果，因为现在的文字过于明显，干扰到了画面整体的效果。单击选中文字图层之后，降低这个图层的不透明度，可以看到图层的显示效果变弱，这是图层不透明度的功能，如图 4.3 所示。

　　在"图层"面板中还有一个"填充"选项，大部分情况下，调整"填充"的百分比与调整"不透明度"的效果是一样的，两者的差别在于，如果我们的图层有一些特殊样式时，调整图层不透明度，样式的不透明度也会跟着降低，但如果调整填充，那么只有原有的图层不透明度会发生变化，而样式不会发生变化。

图 4.3

复制与通过拷贝图层

对于图层的操作，除了可以增加图层、删除图层之外，实际上我们还可以对原图层进行复制或是剪切等操作。本例当中我们发现地景稍稍有些凌乱，那么如果对其进行一定的柔化处理，地景会更加干净。

单独处理地景时，首先鼠标单击背景图层，按 Ctrl+J 组合键可以复制一个"背景 拷贝"图层。但要注意一点，如果通过按 Ctrl+J 组合键的方式复制图层，如果图层上有选区，那么复制的将是选区之内的内容；而如果通过右键菜单来复制图层，那么无论有无选区，都会复制整个图层的内容，如图 4.4 和图 4.5 所示。

图 4.4

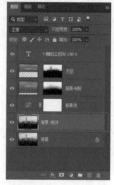
图 4.5

图层与橡皮擦搭配

接着之前的操作，单击选中复制的图层，然后对这个图层进行高斯模糊处理，单击"确定"按钮，可以看到我们复制的图层变为模糊状态，如图 4.6 所示。

图 4.6

　　单击选中这个模糊的图层，降低它的不透明度，这样地景得到模糊，变得干净了很多，如图 4.7 所示。

图 4.7

　　建筑部分并不是我们想要模糊的区域，因此这时我们可以单击选中这个复制的图层，在工具栏中选择橡皮擦工具，缩小画笔直径的大小，将"不透明度"调到最高，将上方模糊的图层建筑部分以及天空部分擦掉，这样我们就确保模糊的区域只影响了地面的公园区域，画面整体的叠加效果变得更加理想，如图 4.8 所示。

图 4.8

图层混合模式

如图 4.9 所示，在"图层"面板中单击选中"前景光照"这个图层，上方的类型选项中可以看到"正片叠底"这种图层混合模式，所谓图层混合模式是指图层叠加的一种方式。

一般来说，打开"图层混合模式列表"，下方有 6 组共 20 多种不同的图层混合模式，Photoshop 对它们进行了分类，如图 4.10 所示。

第一类是正常的图层叠加模式；第二类是变暗类的混合模式，也就是上方叠加图层之后，改为这一组当中的某一种混合模式，照片的效果会变暗；第三类是变亮类混合模式；第四类是强化反差类的图层混合模式，设定为这一类图层混合模式之后，照片的反差（即对比度）会变高；第五类是比较类的图层混合模式，简单来说，它是比较上下两个图层以进行像素明暗的相减或是分类等不同的效果；第六类是色彩调整类，通过设定不同的混合模式，可以实现画面色彩的改变。

至于具体不同的混合模式通过哪一种规则和算法进行了混合，这个非常复杂，可能需要有一本书的内容才能够讲解明白，这里只是对它们进行了大概的讲解，在真正的应用当中使用比较多的主要有：变亮、滤色、正片叠底、叠加以及最后的明度、颜色等不多的几种。

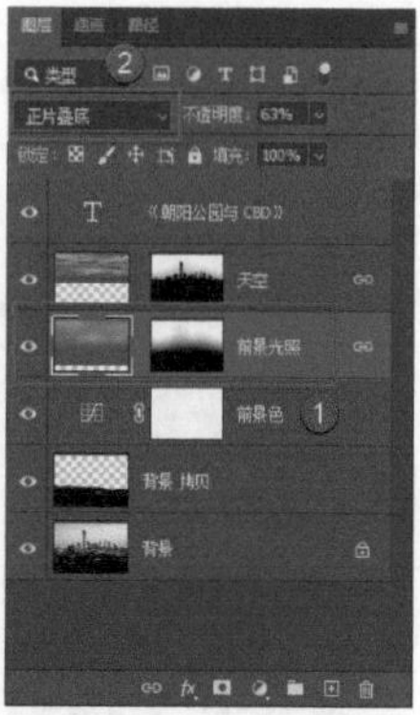

盖印图层

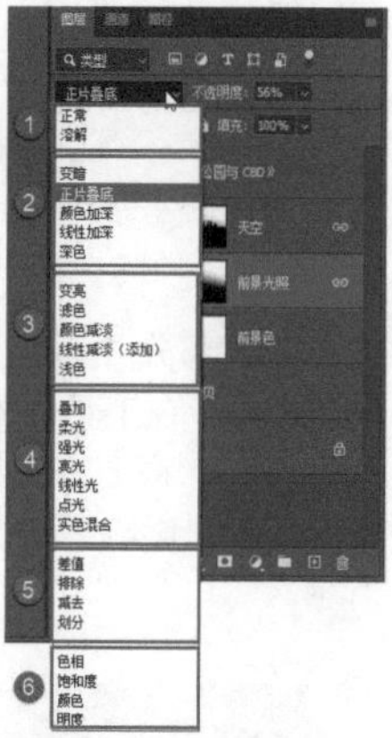

照片整体的处理完成之后，接下来我们进行一些细节上的优化。当前我们可以看到前景的公园中有一些路灯，呈现在照片中是白点效果，它会让画面显得比较乱，因此我们下一步要修复掉或者说是消除掉这些路灯，但当前上方有众多的其他图层，不方便操作，所以我们可以先将之前所有的处理效果折叠起来压缩为一个图层。此时 Ctrl+Alt+Shift+E 组合键盖印一个图层，生成"图层 1"，这个图层称为盖印图层，它就相当于把之前所有的图层压缩起来，形成了一个单独的图层，如图 4.11 所示。

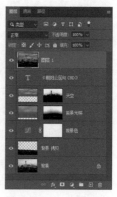

图 4.9

图 4.10

图 4.11

在工具栏中的污点修复画笔工具上长按鼠标左键，展开这个工具组的工具列表，选择污点修复画笔工具，如图 4.12 所示。

图 4.12

缩小画笔直径，在地景上有路灯的位置单击点住并拖动涂抹，就可以消除掉这些干扰，这样这张照片整体的处理就基本完成了，如图 4.13 所示。

图 4.13

图层的三种常见合并方式

修复掉地面的干扰物之后，我们再次对照片进行了一些轻微的调整，对画面效果进行优化。处理完成之后，观察图层的分布，我们会发现有一些图层左侧有小眼睛的图标，这表示图层处于显示状态，没有小眼睛图标，表示图层处于隐藏状态，如图 4.14 所示。

图 4.14

照片处理完成之后，在保存照片之前，可以先将图层进行合并。合并图层时，在某个图层空白处单击鼠标右键，在弹出的菜单中可以看到"向下合并""合并可见图层"与"拼合图像"三个命令，如图 4.15 所示。"向下合并"表示将该图层合并到它下方的一个图层上；"合并可见图层"表示只合并处于显示状态的图层，隐藏的图层则不参与合并；"拼合图像"则表示拼合所有的图层。拼合起来之后，就可以将照片保存。当然不拼合图层也可以保存照片，但中间会弹出提醒框，并且默认的保存格式会是 PSD，也需要进行单独的设定。

图 4.15

栅格化图层

如图 4.16 所示，有时我们所打开的图层可能是一些智能对象或是一些其他的图层样式，包括矢量图等，那么此时如果要转为正常的像素图进行后期处理，可能需要我们对图层进行栅格化处理。所谓栅格化是指将智能对象、矢量图等转化为像素图。

具体操作时，在图层空白处单击鼠标右键，在弹出的菜单中选择"栅格化图层"即可，如图 4.17 所示。

图 4.16

图 4.17

 选区

什么是选区

　　照片的后期处理除全图的调整之外，可能还需要进行一些局部的调整，那么局部调整如果有选区的帮助，后续的操作会更加方便。所谓选区，是指选择的区域，在软件当中它会以蚂蚁线的方式将选择的区域选择出来，可以看到选择的区域四周有蚂蚁线。这张照片我们选择的是天空，那么天空周边就出现了蚂蚁线，如图 4.18 所示。

图 4.18

图 4.19

反选选区

如果此时要选择地景，那么没有必要再用选择工具对地景进行选择，可以直接打开"选择"菜单，选择"反选"命令，如图 4.19 所示。

这样可以看到，通过这种反向选择，就选择了原选区之外的区域，即选择了地景，如图 4.20 所示。

图 4.20

选框工具

建立选区要使用选择工具，选择工具主要分为两大类，一类是几何选区工具，另一类是智能选区工具。

先来看几何选区工具。在工具栏当中打开矩形选框工具组，这组工具中有矩形选框工具和椭圆选框工具两种工具，这两种工具主要会应用在平面设计当中，摄影后期当中的使用频率比较低，但是借助于这两种工具，却可以让我们更直观地理解选区的一些功能。本例中选择矩形选框工具，然后用鼠标在照片当中单击点住并拖动，就可以拉出一个矩形的选框，也就是建立了一个几何选区，如图 4.21 所示。

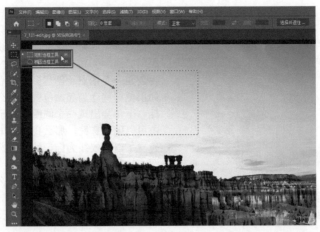

图 4.21

　　如果我们按住键盘上的 Shift 键进行拖动，则可以拖出一个正方形的选区。如果选择的是椭圆选择工具，那么按住 Shift 键拖动时，建立的就是一个正圆形选区，如图 4.22 所示。

图 4.22

套索与多边形套索工具

　　对于几何选区工具，在摄影后期处理当中使用更多的是套索工具和多边形套索工具，如图 4.23 所示。

图 4.23

如果要使用多边形套索工具，选择工具之后，在照片工作区单击会创建一个锚点，然后松开鼠标，选区线会始终跟随鼠标，移动到下一个锚点之后单击，再创建一个锚点。创建多个锚点之后，如果鼠标移动到起始位置，那么鼠标光标右下角会出现一个圆圈，表示此时单击可以闭合选区，那么我们单击之后就建立了以蚂蚁线为标记的完整选区，如图 4.24 所示。

如果要取消某个锚点，那么按键盘上的删除键，就可以取消最近的一个锚点。

至于套索工具，则需要像画笔一样按住鼠标并进行拖动，手绘选区。

图 4.24

选区的布尔运算

默认状态下我们建立选区时会发现，在工作区当中只能建立一个选区，如果我们要进行多个选区的叠加，或是从某个选区当中减去一片区域，那么就需要使用到选区的布尔运算。所谓选区的布尔运算，是指我们选择选区工具之后，可以在选项栏当中选择不同的加减方式。本例当中我们先要为地景建立选区，建立选区之后，如果放大照片可以看到选区的边缘部分并不是特别准确，有一些边缘不是很规则的区域被漏掉了，如图 4.25 所示。

图 4.25

这时就可以通过上方的"从选区减去"或是"添加到选区"这两种不同的运算方式来调整选区的边缘，如图 4.26 所示。

具体操作时，在工具栏中选择多边形套索工具，选择"添加到选区"这种布尔运算方式，如图 4.26 所示。

图 4.26

在选区的边缘创建选区，将漏掉的部分包含进我们创建的这个较大选区之内。选区建立之后，我们就将这些漏掉的部分添加到了选区之内，如图 4.27 所示。

这里要注意，用多边形套索工具建立选区时，包含进了大量原本在选区之内的区域，甚至包含了大量照片之外的区域，这是没关系的，因为原本选区之内的部分，即便我们再添加到选区也不会受影响；照片之外的区域，即便我们建立选区，因为没有像素也不会受影响，只要确保漏掉的部分包

图 4.27

含在我们添加的区域即可，如图 4.28 所示。

图 4.28

经过这种调整就可以看到，选区边缘变得更准确了，如图 4.29 所示，这是选区的运算方式。

图 4.29

魔棒工具如何使用

　　智能选区工具组常用的主要有魔棒工具、快速选择工具、色彩范围等，当然也包括 Photoshop 2021 版本新增的"天空"这个选区工具。至于"主体"这种选区工具，个人感觉效果不是太理想，所以我们不做介绍。

　　首先来看魔棒工具。这张图片如果要为天空建立选区，在工具栏中选择魔棒工具，在上方的选项栏中选择"添加到选区"，设定"容差"为 30（默认情况下我们设定 30 左右的容差会比较合理），很多照片设定这个容差都有比较好的选择效果。

　　容差是指我们所选择的位置与周边的色调相差度。比如说单击的位置亮度为 1，如果设定容差为 30，那么单击这个位置之后，与 1 这个位置亮度相差 30 之内的区域都会被选择进来，亮度相差超过 30 的区域则不会被选择。

　　"连续"是指我们建立的选区是连续的区域，不连续的一些区域则不会被选择。

　　那么在天空位置单击，可以看到快速为一片区域建立了选区，如图 4.30 所示，也就是说我们单击位置明暗相差 30 之内连续的区域都会被选择进来。因为是添加到选区，接下来继续用鼠标在未建立选区的位置单击，通过多次单击，就为天空建立了选区。

图 4.30

　　因为我们选择了"连续"这种方式，所以一些单独的云层或者被云层包含起来的一些狭小的区域，还有天空当中一些与我们选择区域亮度相差比较大的区域就不会被选择，所以放大之后，在天空中可以看到会漏掉一些区域，如图 4.31 所示。

图 4.31

利用其他工具帮助完善选区

针对这种情况，可以选择套索工具，选择"添加到选区"，快速将漏掉的区域包含进来，如图 4.32 所示。这样我们就完成了选区的建立。

图 4.32

如果建立选区之前，在上方选项栏中取消勾选"连续"，那么在天空中单击时，可以更快速地为天空建立选区，但劣势是地景内与天空不连续的一些区域，由于明暗与天空相差不大，因此也会被选择进来，这是不利的一点，如图 4.33 所示。

实际建立选区时，用户就可以根据自己的习惯进行一些特定的选择。

图 4.33

快速选择工具如何使用

接下来我们再看快速选择工具。快速选择工具也是一种智能工具，具体使用时，鼠标移动到我们要选择的位置单击并进行拖动，就可以快速为与拖动位置相差不大的一些区域建立选区，更加快捷。但劣势是，它主要为一些连续的区域建立选区，并且有一些边缘的识别精准度不是特别高，需要结合其他工具进行一定的调整，如图 4.34 所示。建立选区之后，就可以对我们选择的区域进行调整了。如果要取消选区，按 Ctrl+D 组合键即可。

图 4.34

色彩范围功能如何使用

首先在 Photoshop 中打开要建立选区的照片。

选择"选择"菜单，选择"色彩范围"命令，打开"色彩范围"对话框，如图 4.35 所示。

图 4.35

鼠标光标变为吸管状态。用吸管单击我们想要选取的区域中的某一个位置，这样与该位置明暗及色彩相差不大的区域都会被选择出来，如图 4.36 所示。

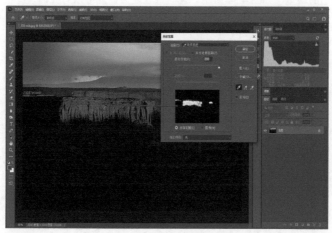

图 4.36

在"色彩范围"对话框下方的预览图中会出现黑色、白色或是灰色的区域，白色和灰色表示选择的区域。

　　如果感觉选择区域不是太准确，可以调整颜色容差。这个参数用于限定与我们选择位置明暗以及色彩相差不大的区域，它主要是限定我们取样位置与其他区域的范围。放大颜色容差值会有更多区域被选择，缩小则正好相反，如图4.37所示。

图 4.37

以灰度状态观察选区

　　如果感觉在"色彩范围"对话框很小的范围内观察不够清楚，那可以在下方的选区预览后的列表中选择"灰度"，让照片以灰度的形式显示，方便我们观察，如图 4.38 所示。

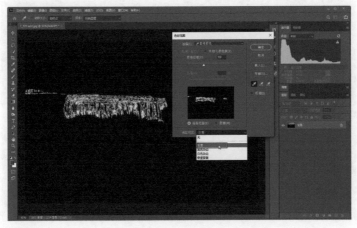

图 4.38

色彩范围选项

在色彩范围对话框中，"选择"列
表中还有多个选项，可以直接设定选
择不同的色系，还可以选择中间调、
黑色和白色，选择黑色或白色之后，
可以直接选择照片当中的最亮像素或
是最暗像素，中间调的意思是我们将
选择照片当中某一个亮度范围的像素，
如图 4.39 所示。

图 4.39

颜色容差

前面已经介绍过，颜色容差用于扩大或是缩小我们所选定的范围。其原理
实际上很简单，就是我们先在照片中单击选定一个点，调整颜色容差时，软件
会查找整个照片，将与所选点明暗及色彩相差在所设定值（即颜色容差值）之
内的像素选择出来。从这个角度来说，颜色容差值越大，所选择的区域就会越多，
反之则少。

选区的 50% 选择度

这里有一个问题，从选区预览中可以看到，有些区域是灰色的，并非纯黑
或纯白，如图 4.40 所示。

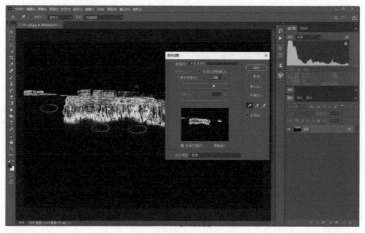

图 4.40

此时建立选区，可以发现有些灰色区域显示了选区线，有些区域则不显示选区线，如图 4.41 所示。

图 4.41

实际上，无论显示或是不显示选区线，只要是灰色，它都会处于部分选择的状态，如果我们进行调整，这些选区都会发生变化。选区的显示与不显示，取决于"色彩范围"对话框中灰色区域的灰度，如果它的亮度超过了 50% 的中间线，也就是 128 级亮度，那么就会显示选区；如果亮度不高于 128，则不显示选区，返回到主界面之后我们是看不到选区的，如图 4.42 所示。

如果进行后续的提亮或压暗处理，即便是未显示选区线的区域也会发生变化，这是选区的显示度，也就是说，选区不能仅以选区线为标志。

图 4.42

"天空"功能

在 Photoshop 2021 当中，"天空"是新增加的一个选区功能。顾名思义，"天空"是指选择该命令之后，软件自动识别照片当中的天空，并为天空建立选区，这个功能是非常强大的，并且 Photoshop 2021 一键换天的功能也是以这个功能为基础来实现的，它的使用非常简单。

图 4.43

在 Photoshop 中打开照片。打开"选择"菜单，选择"天空"命令，如图 4.43 所示。

这样在 Photoshop 主界面中可以看到天空就被选择了出来。从远处的飞机可以看到，虽然选区线只有部分被选择出来，但实际上机翼部分也处于选区当中，只是没有显示选区线，如图 4.44 所示。

图 4.44

接下来在工具栏中选择橡皮擦工具，将"不透明度"和"流量"设定为100%，在选区内擦拭，可以将天空的像素擦掉。这时我们注意观察飞机，可以看到机翼部分虽然没在选区之内，但仍然保留了下来，人物的发丝边缘也是如此，如图 4.45 所示。

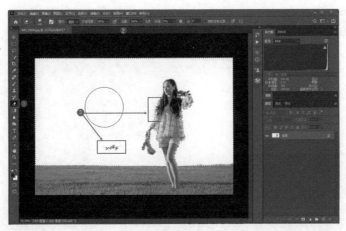

图 4.45

选区的羽化

　　擦掉天空之后，观察草地与天空的边缘结合部分发现还是有些生硬，过渡不够柔和，如图 4.46 所示，这是因为选区边缘过硬所导致的。

图 4.46

　　建立选区线之后，如果我们对选区进行一定的羽化再进行擦拭，那么选区边缘会柔和很多。所谓羽化，主要是指调整选区的边缘，让边缘以非常柔和的形式呈现。

　　来看具体操作，点开"历史记录"面板，点击"选择天空"，那么就会回到为天空建立选区时的步骤，如图 4.47 所示。

图 4.47

　　这时，在工具栏中随便选择某一种选区工具，然后在选区内单击鼠标右键，在弹出的菜单中选择"羽化"命令，打开"羽化选区"对话框，在其中设定"羽化半径"为2，然后单击"确定"按钮，这样我们对选区的边缘进行了一定的羽化，如图 4.48 所示。

图 4.48

　　这时再用橡皮擦工具擦掉天空部分后，可以发现它的过渡柔和了很多，这种柔和的过渡会让画面的抠图效果看起来更加自然。

4.3　蒙版

蒙版的概念与用途

　　有些定义将蒙版解释为"蒙在照片上的板子"，其实，这种说法并不是非常准确。如果用通俗的说法来说，可以将蒙版视为一块虚拟的橡皮擦，使用 Photoshop 中的橡皮擦工具可以将照片的像素擦掉，而露出下方图层上的内容。使用蒙版也可以实现同样的效果，但是，真实的橡皮擦工具擦掉的像素会彻底丢失，而使用蒙版结合渐变或画笔工具等擦掉的像素只是被隐藏了起来，实际上没有丢失。

　　下面通过一个案例来演示蒙版的概念及用法，打开如图 4.49 所示的照片。

图 4.49

　　在"图层"面板中可以看到图层信息，这时单击"图层"面板底部的"创建图层蒙版"按钮，为图层添加上一个蒙版。初次添加的蒙版为白色的空白缩览图，如图 4.50 所示。

　　我们将蒙版变为白色、灰色和黑色三个区域同时存在的样式。

　　如图 4.51 所示，此时观察照片画面就会看到，白色的区域就像一层透明的玻璃，覆盖在原始照片上；黑色的区域相当于用橡皮擦彻底将像素擦除掉，露出下方空白的背景；而灰色的区域处于半透明状态。这与使用橡皮擦直接擦除右侧区域、降低透明度擦除中间区域所能实现的画面效果是完全一样的，但使用蒙版通过蒙版色深浅的变化同样实现了这样的效果，并且从图层缩览

图 4.50

图中可以看到，原始照片缩览图并没有发生变化，而将蒙版删掉，依然可以看到完整的照片，这也是蒙版的强大之处，它就像一块虚拟的橡皮擦一样。

图 4.51

如果我们对蒙版制作一个从纯白到纯黑的渐变，此时蒙版缩览图如图4.52所示。可以看到，照片变为从完全不透明到完全透明的平滑过渡状态，从蒙版缩览图中看，黑色完全遮挡了当前的照片像素，白色完全不会影响照片像素，而灰色则会让照片处于半透明状态。

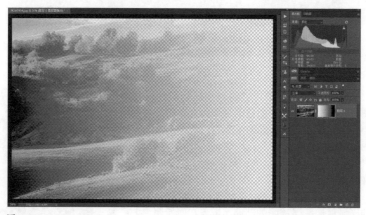

图 4.52

Tips

　　对于蒙版所在的图层而言，白色用于显示，黑色用于遮挡，灰色则会让显示的部分处于半透明状态。后续在使用调整图层时，蒙版的这种特性会非常直观。

调整图层

　　如图 4.53 所示，这张照片前景的草原亮度非常低，现在要进行提亮。

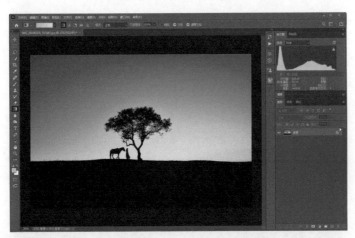

图 4.53

　　首先在 Photoshop 中打开照片，然后按 Ctrl+J 组合键复制一个图层，对上方新复制的图层整体进行提亮。然后为上方的图层创建一个蒙版，借助于黑蒙版遮挡住天空，用白蒙版露出提亮的图层，两个图层叠加后，相当于只提亮了地景部分，如图 4.54 所示。

图 4.54

　　当然这样操作比较复杂，下面我们介绍"调整图层"这个功能，它相当于一步实现了我们之前复制图层和对于新图层提亮等多种操作。具体操作时，打开原始照片，然后在调整面板中单击"曲线调整"，这样可以创建一个曲线调整图层，并打开"曲线"调整面板，如图 4.55 所示。

图 4.55

接下来在"曲线"面板中提亮曲线，这样全图会被提亮，如图 4.56 所示。

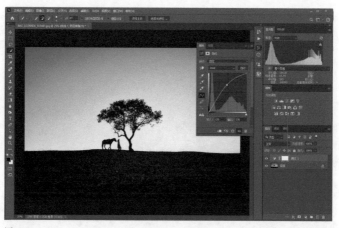

图 4.56

接下来我们只要再借助于黑白蒙版的变化，将天空部分变为黑蒙版遮挡起来，只露出地面部分，就实现了局部的调整，如图 4.57 所示，可以看到这样操作就省去了创建、复制新图层的步骤，相对来说要简单和快捷很多。当然这里有一个新的问题，调整图层并不能 100% 替代图层蒙版，因为如果是两个不同的照片叠加在一起生成两个图层，为上方图层创建图层蒙版，可以实现照片的合成等操作，但调整图层则只是针对一张照片进行影调色彩等的调整，这是两者的不同之处。

图 4.57

什么是黑、白蒙版

在了解了蒙版的黑白变化之后，下面我们介绍在实战当中对于黑、白蒙版的使用方法。

如图 4.58 所示，两侧以及背景的亮度有些高，导致人物的表现力下降。

图 4.58

这时我们可以创建一个曲线调整图层进行压暗，那么这种压暗会导致主体部分也被压暗，如图 4.59 所示。

图 4.59

我们只想让背景部分被压暗，这时就可以选择渐变工具或是画笔工具，将人物部分擦拭出来。擦拭时，前景色要设为黑色，这种黑色就相当于遮挡了当前图层的调整效果，那也就是说我们的曲线调整在这一部分被遮挡起来。从蒙版上可以看到，白色部分会显示当前图层的调整效果，黑色部分遮挡，这样主体人物部分就还原出来原始照片的亮度，而背景部分得到压暗，如图 4.60 所示。这是白蒙版的使用方法，它是先建立白蒙版，然后对某些区域进行还原。

图 4.60

至于黑蒙版也非常简单，创建白蒙版之后，按 Ctrl+I 组合键，就可以将蒙版进行反向，变为黑蒙版，将当前图层的调整效果完全遮挡起来，如图 4.61 所示。

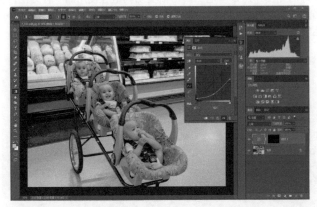

图 4.61

　　如果我们想要某些位置显示出当前图层的调整效果，那么只要将前景色设为白色，然后在想要显示的区域涂抹和制作渐变即可。

蒙版 + 画笔如何使用

　　之前我们已经介绍过，使用蒙版时，要借助于画笔或是渐变工具来进行白色和黑色的切换，下面来看具体的使用方法。如图 4.62 所示，依然是这张图片，首先创建曲线调整图层对其压暗。

图 4.62

　　接下来在工具栏中选择画笔工具，将前景色设为黑色，然后适当地调整画笔直径大小,并将"不透明度"设定为100%,然后在人物上进行擦拭。可以看到相当于将白蒙版人物这些部分擦黑,这样就遮挡了我们曲线的这种压暗效果,露出原照片的亮度,这是画笔工具与渐变工具组合使用的一种方法,如图 4.63所示。当然在实际的使用当中,除将画笔的不透明度设为100%之外,还要经常将画笔的不透明度降低,进行一些轻微的擦拭,让效果更自然一些。

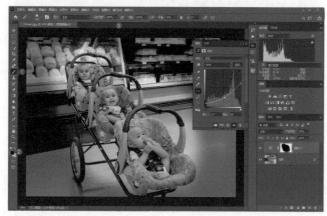

图 4.63

蒙版 + 渐变如何使用

除画笔可以调整蒙版之外,在实际的使用当中,渐变工具也可以与蒙版结合起来使用,实现很好的调整效果。具体使用时,首先依然是压暗照片,然后按 Ctrl+I 组合键反向蒙版,这样调整效果被遮挡起来,如图 4.64 所示。

图 4.64

　　这时在工具栏中选择渐变工具，将前景色设为白色，背景色设为黑色，然后设定从白到透明的线性渐变，然后在四周进行拖动制作渐变，可以从图层蒙版上看到四周变白，显示出当前图层的调整效果。那么最终也可以看到照片四周被压暗，而中间的人物部分依然是黑蒙版，它遮挡了当前的压暗效果，露出的依然是背景图层的亮度，如图 4.65 所示。

图 4.65

第5章　五大调色原理

本章我们将介绍照片在 Photoshop 中后期处理时所涉及的基本调色原理。掌握了这些基本原理后，我们才能够真正地在后期调色时做到得心应手、游刃有余。

5.1 互补色

互补色的概念与分布

所谓的互补色，是指如果两种色彩相加得白色，那么这两种色彩就会被称为互补色，在摄影创作的过程当中，应用互补色的照片，给人的视觉冲击力是非常强的，画面的色彩反差会非常大。

如图 5.1 所示，在呈现的色轮图中，一条直径两端的色彩相混合，就可以得到白色，即两端色彩互为补色。例如，红色与青色混合会得到白色，那么红色与青色就是互补色；蓝色与黄色也是互补色，绿色与洋红也是互补色。在色轮图上，可以看到更多的互补色组合。

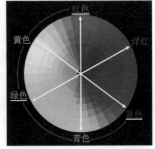

图 5.1

为什么互补色相加得白色

自然界当中的太阳光线经过分离后，分离出"红、橙、黄、绿、青、蓝、紫"七种色彩的光线，而大部分色彩可以经过二次分离，分离出"红、绿、蓝"三种色彩，也就是说，所有的光线，最终会分解为"红、绿、蓝"三种光线，如图 5.2 所示，"红绿蓝"也称为三原色，这是三种最基本的色彩。也可以这样认为，三元色相加，最终得到白色（太阳光线可以认为是没有颜色，也可以认为是白色）。

根据上一个知识点所介绍的，红色与青色为互补色，两者相加得白色。那从三原色图上，就可以明白这种互补色相加得白色的原因。青色是由蓝色与绿色相加得到的，红色与青色相加，实际上就是红色、蓝色和绿色三种原色相加，得到的自然是白色的。

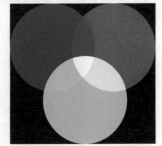

图 5.2

互补色在色彩平衡中的应用

在 Photoshop 中打开一张照片，创建一个色彩平衡调整图层。在打开的色彩平衡面板当中，有"黄色与红色""洋红与绿色""黄色与蓝色"这三组色彩，色条右侧是三原色，左侧是它们的补色，如图 5.3 所示。所以，掌握了互补色的原理，就能够有针对性地调整这三组色彩的单原色与它们的补色。我们需要牢牢记住这三组色彩，因为在整个 Photoshop 的调色过程中，这三种互补色会贯穿始终。

图 5.3

　　具体调色时，要通过调整每一种色彩与其互补色这两者之间的搭配比例，来实现色彩的正确显示，如果发现照片当中某个区域偏红，就需要通过降低红色的比例（增加青色的比例）来实现局部的调色。判断照片偏哪一种色彩，需要根据大量的后期处理练习，根据自己的认知来进行判断。

　　天空部分应该是蓝色，但此时有一些偏紫、偏洋红，就需要降低洋红色，让天空部分的色彩变得更加准确；右下方的地面部分也有一些偏红，黄色表现力度不够，因此可以增加黄色，结合之前已经降低的红色，最终让地面部分的色彩趋于正常，如图 5.4 所示。通过色彩平衡的调整，可以让整个画面色彩趋于正常。色彩平衡功能的调色更加复杂一些，具体还要结合色调的中间调、高光或阴影来调整不同的区域，在调整中间调时的效果最为明显，也就是一般亮度区域。

图 5.4

互补色在曲线中的应用

　　互补色是后期软件调色最重要的一种色彩原理，之前介绍了色彩平衡的调整，接下来再看另外一种非常重要的调色方式——曲线调色。

　　创建一个曲线调整图层，在打开的曲线面板当中，点开 RGB 列表，在其中有红、绿、蓝三种原色的自然曲线，调色时可以根据实际情况去调整，如图 5.5所示。

图 5.5

　　照片偏绿，可以直接在绿色曲线上单击"创建锚点"，并向下拖动，就可以减少绿色；如果照片偏黄，由于没有黄色曲线，就应该考虑黄色的补色——蓝色，只要选择蓝色曲线，增加蓝色，就相当于降低了黄色，这样就可以实现调整的目的，如图 5.6 所示。这是曲线调色的原理，实际上，它的本质也是互补色调色原理。色彩平衡、曲线，甚至色阶调整等功能，都有简单的调色功能，调色的原理都是互补色原理。

图 5.6

互补色在可选颜色中的应用

可选颜色调整是针对照片中某些色系进行精确的调整。举一个例子来说，如果照片偏蓝色，利用可选颜色工具可以选择照片中的蓝色系像素进行调整，并且还可以增加或消除混入蓝色系的其他杂色。

打开要处理的照片，在"图像"菜单内选择"调整"菜单项，在打开的子菜单中选择"可选颜色"菜单项，即可打开"可选颜色"对话框。对于"可选颜色"功能的使用，虽然看似不易理解，但实际上却非常简单。在对话框中上方的颜色下拉列表中，有红色、黄色、绿色、青色、蓝色、洋红等色彩通道，另外还有白色、中性色和黑色几种特殊的"色调"通道，如图 5.7 所示。要调整哪种颜色，先在这个颜色列表中选择对应的色彩通道，然后再进行调整就可以了。

图 5.7

本例中，照片稍稍有些偏青，因此选择青色通道，降低青色的比例，相当于增加了红色，画面色彩就会趋于正常。适当降低黑色的比例，画面当中的暗部会被提亮，反差缩小，影调变得更柔和，如图 5.8 所示。

图 5.8

互补色在 ACR 中的应用

互补色的调色原理在 ACR 中也是适用的，但是它在 ACR 中的功能分布比较特殊，主要集成在"色温"调整以及"校准"的"颜色"调整当中。

依然是这张照片，在 ACR 中打开，先切换到"对比视图"，再切换到"校准"面板。

在校准面板中，根据照片的状态进行分析，天空有一些偏紫，就可以调整蓝原色，把蓝原色向左拖动。从色条上看，右侧是有一些偏紫的，向左拖动之后，天空会向偏青的方向发展。经过调整之后，天空的蓝色变得更加准确，不再偏紫。地面部分有一些偏红，在红原色中向右拖动，让它向偏黄的方向发展，地面也得到调整。这样，整个照片的色彩就实现了矫正，如图 5.9 所示。

需要注意的是，"校准"面板中的原色调整，除了简单调色之外，还有一个非常大的作用——统一画面的色调。对天空中偏紫的蓝色进行调整，让其向偏青蓝的方向发展，调整的不仅是紫色，实际上整个冷色调都会向偏青蓝的方向发展，可以快速统一冷色调，让它们更加相近。对于地景，让其向偏黄的方向发展，也是如此，可以让整个暖色调更加统一，天空的路灯、地面橙色、黄色的像素，都会向偏黄的方向发展，这种调整可以快速让冷色调和暖色调分别向一个方向发展，从而得到快速统一画面色调的目的。所以，原色调整在当前的摄影后期处理当中非常流行，很多的"网红"色调就是通过原色调整来实现的。

如果想调整色温，只需要切换到"基本"面板，在"基本"面板当中，有"色温"和"色调"两个选项。"色温"左侧为蓝，右侧为黄；"色调"左侧为绿，右侧为洋红。色温和色调的色条左右两端是两组互补色，可以用同样的理论去调整。

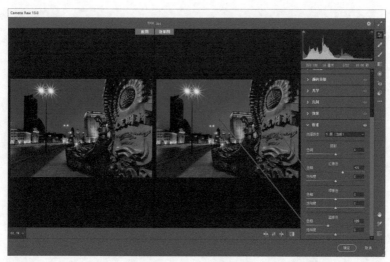

图 5.9

5.2 参考色

同样的色彩为什么感觉不一样

将同样的蓝色放在不同色彩的背景上，在黄色背景、青色背景和白色背景当中，蓝色给人的感觉就是不一样的，你会感觉到是不同的蓝色，如图 5.10 所示，那么哪一种蓝色给人的感觉才是准确的呢？其实非常简单，在白色背景当中的蓝色，给人的视觉感受是最准确的。在黄色与青色背景当中的蓝色，是不准确的，给人的感觉是有偏差的。在这个案例中，蓝色所处的背景就是参考色。在白色背景中的参考色最准确，无论在前期的拍摄还是在后期软件中，以白色或者没有颜色的中性灰以及黑色为参考色来还原色彩，才能得到最准确的效果。

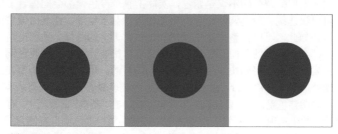

图 5.10

确保感受到正确的色彩

1. 显示器准确

在摄影后期当中处理，对于色彩并没有太好的衡量标准，更多是依靠设备的性能及人眼对色彩的识别能力。从器材的角度来说，有一个能够准确显示色彩的显示器是进行后期处理的先决条件。

2. 设定合适的色彩空间

如果从软件设定的角度来说，如果是在计算机、手机、网站媒体上观看照片，那么照片处理完成后，输出照片之前，一定要将照片的色彩空间配置为 sRGB，如图 5.11 所示。

图 5.11

3. 反复观察和思考

大多数情况下，长时间在电脑前修片，人对色彩的识别能力会下降，这时如果盲目出片可能会导致修出的照片色彩不准确。建议用户修片完成后，在输出照片之前，可以放松一下，看一下白色的景物，或是看一下远处的风景，之后再来观察照片。并思考当前的色调是否与自己想要的主题效果相符合。反复观察和思考照片，会让照片的色彩更准确，更具表现力。

图 5.12

参考色在相机中的应用

参考色在相机中的应用，是指用户在所拍摄的场景中，用白板或灰板进行拍摄，然后将这种白色标准内置到相机中，相当于告诉相机这是真正的白色，让相机以此为参考还原色彩。这样最终可以得到准确的色彩。

这里有一个前提，要选自定义白平衡，告诉相机参考色时，一定要让拍摄的白板或灰板放置于拍摄的环境当中，与所拍摄的主体受光处于一样的状态，这样才能够得到最佳效果。

先拍摄白色对象，之后将白色照片内置到相机的自定义白平衡中，如图 5.13和图 5.14 所示。

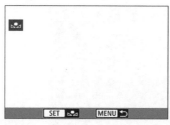

图 5.13

图 5.14

参考色在曲线调整中的应用

在 Photoshop 中，参考色也会被用来进行白平衡的调整。

如图 5.15 所示，创建一个曲线调整图层，在"曲线调整"面板左侧，选中中间的白平衡调整吸管工具，在照片中的中性灰位置单击进行确定，这样就完成了白平衡的调整。

图 5.15

调整的效果如果不够理想，可以在右侧的"曲线面板"中选择不同颜色的曲线，进行简单的调色，让调色过程得到更好的效果，如图 5.16 所示。

图 5.16

参考色在色阶调整中的应用

参考色在色阶调整中的应用与在曲线调整中基本完全一样。创建色阶调整图层，在打开的色阶面板左侧，选择中间的吸管工具，然后在照片中中性灰的位置单击取样，即完成了白平衡的调整。

当然，调整后，用户还可以在上方的通道栏中选择不同的通道进行色彩的微调，让色彩更准确，如图 5.17 所示。

图 5.17

参考色在 ACR 中的应用

在 ACR 中打开照片，在基本面板中，对曝光值、对比度、高光等各种参数进行一个基本的调整，让照片各部分呈现出更多的影调层次和细节，如图 5.18 所示。

图 5.18

调整完成之后进行调色处理，调色时，最简单的是白平衡调整，所谓的白平衡调整，就是告诉照片什么是真正的白色或者没有颜色。因为白色在自然光中，就是一种没有颜色的表现，它本质上与中性灰或黑色是完全相同的，只是白色的反射率非常高，中性灰的反射率比较低，而黑色几乎是没有反射率的，都是一种综合的光线，是没有颜色的。

在 ACR 中进行白平衡调整时，可以在"白平衡"右侧选择白平衡吸管工具，找到照片中应该为纯白、中性灰或是纯黑的位置并单击，这个单击就相当于告诉软件：选择的位置是没有颜色的，或者软件就会以此为基准进行色彩的还原，如图 5.19 所示。

如果色彩还原的效果不算特别准确，那是因为选择的位置可能有偏差，可以继续调整下方的"色温"和"色调"滑块，让色彩的还原更准确一些，如图 5.20 所示。

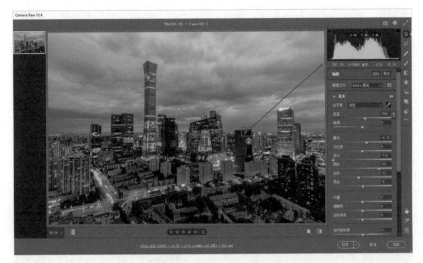

图 5.19

图 5.20

灵活调色

　　在风光摄影当中，最准确的色彩并不一定有最好的效果，所以在实际应用当中，往往要根据现场的具体情况和画面的表现力来进行白平衡的调整，让照片的色彩更有表现力。

　　这张照片就降低了色温值，画面整体清冷的色调与地面的灯光，形成了冷暖对比，画面会有更好的效果。调色之后，再结合微调一些影调参数，这张照片的色彩就得到了很好的校正，如图 5.21 所示。

图 5.21

5.3 相邻色

相邻色的概念

　　相邻色与互补色不同，互补色是一种对比的颜色，色彩反差非常大；相邻色则是指在色轮图上两两相邻的色彩，比如说红色与橙色，红色与黄色，黄色与绿色，绿色与青色等，都是互为相邻色，如图 5.22 所示。

相邻色的特点

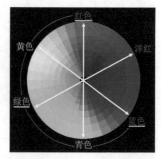

图 5.22

　　相邻色可以让照片显得非常协调和稳定，给人比较自然、踏实的感觉。

　　如图 5.23 所示，地面的灯光有黄色、橙色和红色，这些灯光的颜色混合在一起，给人一种非常协调、融合度非常高的感觉，实际上这并不是一种色彩，它是由多种互为相邻色的色彩组成的，这是相邻色在照片中的一种表现。

图 5.23

相邻色在 Photoshop 中的应用

将这张照片在 Photoshop 中打开。要调整出相邻色，可以新建一个色相 / 饱和度调整图层。在色相参数中，色相条中的色彩过渡就是两两相邻的，我们要让黄色向红色的方向发展，让整个灯光部分的色彩更加接近，所以可以通过拖动色相滑块来实现，如图 5.24 所示。

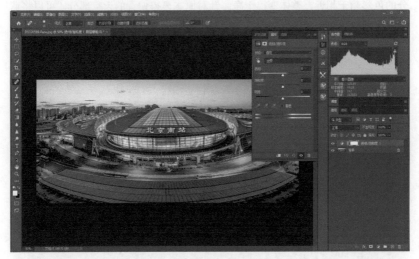

图 5.24

经过调整之后，整个灯光部分的色彩更加接近，如图 5.25 所示，这是相邻色在 Photoshop 中的应用。

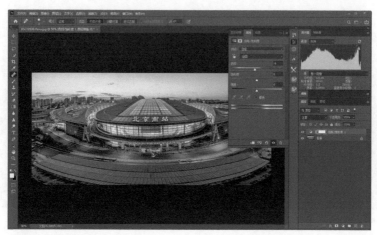

图 5.25

相邻色在 ACR 中的应用

依然是这张照片，将其载入 ACR，打开"混色器"面板，设定"HSL"调整，我们会在下方的色相子面板当中进行调整。针对原本有橙色、黄色的灯光部分，可以将黄色色条向左拖动，即由黄绿色向黄橙色调整。调整之后，整个灯光部分的色彩趋于相近，整体变得干净。针对原本显得偏青的天空部分，可以将蓝色色条向右拖动，即由青色向蓝色的方向偏移，让天空的色彩更加准确一些，如图 5.26 所示。

图 5.26

5.4　色彩渲染

　　所谓色彩渲染，它不同于一般的调色，一般的调色是对照片当中原有色彩的色相和饱和度进行调整；色彩渲染是指分别为照片当中的某些区域渲染上特定的色彩，从而让照片的色感更强烈一些，更干净一些的调整方式。

颜色分级

　　首先来看颜色分级，颜色分级的具体使用方法可参见 2.6 节。这个功能的应用场景是非常广泛的，可以快速的为照片的高光、暗部、中间调等不同的区域渲染上特定的色彩，以此增强画面的色感，让照片更具魅力。

照片滤镜

　　照片滤镜主要是指在 Photoshop 中通过添加色温滤镜，让照片的色彩变冷或是变暖。

　　如图 5.27 所示，照片原有色彩非常平淡，特别是大海部分发黄、不够干净。这时我们可以创建一个照片滤镜调整图层，在打开的面板当中点开上方的滤镜下拉列表，在其中可以看到第 1～3 种对应的是暖色调，第 4～6 种对应的是冷色调。

图 5.27

　　对于本画面来说，我们应该让海面色彩变冷，所以我们选择了一种冷色调的滤镜。如果感觉滤镜效果太强烈，那么可以降低密度值，让滤镜效果变得更加自然一些，如图 5.28 所示。

图 5.28

　　一般来说在添加滤镜之后，画面整体的色调会变冷或是变暖，可能会产生
一些偏色的问题，这与颜色分级是不同的。颜色分级是分别对高光、暗部等区
域渲染不同的色彩，但照片滤镜则是为照片整体渲染某一种色调，所以容易出
现偏色的问题。我们可以选择画笔工具，前景色设为黑色，在蒙版中不想调色
的位置进行涂抹，涂抹时稍稍降低不透明度以及流量等参数，那么照片就不会
有偏色的感觉了，如图 5.29 所示。

图 5.29

颜色查找

颜色查找是一种模拟电影胶片效果的色彩渲染技巧。用户可以直接套用不同的 3D LUT 效果，模拟出胶片质感的、具有电影画面般的影调和色调效果。

如图 5.30 所示，直接创建颜色查找调整图层，点开 3D LUT 文件列表，在其中可以看到有大量的 3D LUT 效果。通常情况下使用较多的是模拟富士胶片（以Fuji 开头的类型）的几种不同效果，我们可以多次尝试并选择一种比较理想的套用即可。

图 5.30

如果 3D LUT 的效果过于强烈，可以单击选中"颜色查找"这个调整图层，降低图层的不透明度，让效果更加自然一些，如图 5.31 所示。

还可以创建其他的调整图层，再对这个效果进行一定的微调，如图 5.32 所示。

图 5.31

图 5.32

匹配颜色

下面介绍一种大家比较陌生，但却非常好用的色彩渲染技巧——匹配颜色。顾名思义，它是指用一张（较好）照片的影调及色调去匹配我们的照片，最终让要处理的照片模拟出好照片的色调与影调。

如图 5.33 与 5.34 所示，都是日落霞光的照片，色调非常浓郁，其中蓝调的照片，冷色调居多。现在我们想让蓝调照片变暖一些，这可以通过套用霞光照片的色调效果来实现。

图 5.33

图 5.34

在 Photoshop 中打开这两张照片，先切换到蓝调素材照片，然后点开"图像"菜单，选择"调整"，选择"匹配颜色"命令，这样会打开匹配颜色对话框，在对话框的下方"源"的列表当中选择我们想要匹配的照片的文件名，选择之后单击"确定"按钮，这样就为蓝调照片匹配上了目标照片的色调及影调效果，如图 5.35 所示。

图 5.35

这种匹配的效果非常强烈，可以通过调整明亮度、颜色强度、渐隐参数值，让匹配效果更自然一些，如图 5.36 所示。

图 5.36

通道混合器

　　下面介绍一种比较难理解的色彩渲染技巧——通道混合器。从界面布局来看，通道混合器与之前我们所介绍的可选颜色有一些相似，但实际上它们的原理却相差很大。下面我们依然是通过具体的案例来介绍。

　　如图 5.37 所示，首先打开原始照片，然后创建通道混合器调整图层。在通道混合器调整图层当中，我们可以看到红、绿、蓝三原色，以及它们的色条。

图 5.37

　　对于这张照片来说，我们想要让照片变暖一些，引入一些冷暖对比。在上方的"输出通道"当中选择"红"通道。一般来说，在摄影后期当中，输入是指照片的原始效果，输出是指照片调整之后的效果。

　　我们要让照片变得偏暖一些，偏红一些，选择红通道之后，在下方就可以调整红、绿、蓝三个通道，如图 5.38 所示。在调整时要注意，不要考虑互补色原理，因为无论我们提高绿色还是蓝色通道的值，照片都会变红。之所以出现这种情况，是因为向右拖动绿色滑块，是指增加原照片绿色系当中的红色成分，也就是为绿色景物渲染红色；向右拖动蓝色，那么相当于为照片当中的蓝色系添加红色，所以说最终效果都是变红的。这是通道混合器的原理，借助于通道混合器，我们可以快速地为照片渲染某一种色彩。

图 5.38

5.5 黑、灰、白

　　黑、灰、白的应用相对来说比较复杂，主要作用分为两大类：一类是具体在使用影调调整功能时，白色对应的是最亮，黑色对应的是最暗，灰色对应的是中间调区域；另一类是黑、灰、白对于选择工具的指导作用，一般来说，黑色代表"不选"，灰色代表"部分选择"，白色代表"选择"。

借助黑、灰、白校准白平衡

　　黑、灰、白在 Photoshop 软件中的一种应用是"定义黑、灰、白场"。
　　如图 5.39 所示，创建一个曲线调整图层，其左侧有三个吸管，之前已经介绍过中间的"白平衡吸管"，白平衡吸管上方还有一个"黑色吸管"，下方有一个"白色吸管"。黑色吸管用于告诉软件：某个位置是纯黑，也就是 0 级亮度；白色吸管用于告诉软件：所选的位置是纯白，255 级亮度。如果选择的位置有误，那么照片的明暗调整就会出现问题。所以，借助于白色吸管定白场时，一定要选择照片中最亮的部分；借助于黑色吸管定黑场时，一定要选择照片中最黑的部分。如果用黑色吸管选择照片中不够黑的位置，等于告诉软件这个位置的亮度为 0 级，那么原照片中比这个位置还要暗的部分，全部都会变为死黑一片，会出现大片的暗部溢出；如果用白色吸管单击了照片中某个不够白的位置，那么原照片中比所选择的位置还要亮的一些区域，都会变为"死白"一片，就会出现大片的高光溢出。也就是说，黑场和白场的确定，如果使用这两个吸管工具，一定要谨慎一些，大多数情况下，需要放大照片进行观察。随着当前后期软件技术的不断进步，借助于"黑色吸管"和"白色吸管"进行定黑场和定白场的方法越来越少，这里主要是介绍黑、灰、白的一些最基本的原理。

图 5.39

黑、灰、白与选择度

将这张夜景照片在 Photoshop 中打开，切换到"通道"面板，在"通道"面板中有四个通道，分别是"RGB"综合通道和"红""绿""蓝"这三个单元色通道。

在红色通道中，白色的区域是红色成分含量比较多的一些像素区域。比如街道的车灯，建筑内的照明灯等，红色的比例都非常高，比例越高，白色的程度越高，也就越白，如图 5.40 所示。因为楼体上的灯光偏黄色，红色的成分已经很低了，所以白色的程度没有那么高，也就说明白色对应的是成分含量的高低。

图 5.40

在蓝色通道中，天空本身严重偏蓝，所以整体亮度非常高，地面是红色的，所以亮度非常低，这里的白色对应的是蓝色，如图 5.41 所示。灰色表示这些区域含有一定的蓝色，但是蓝色的成分不高。

图 5.41

如果按住 Ctrl 键单击"红色通道"，照片中就会出现高光选区，地面的纯白部分完全被选择了出来，天空中一些比较亮的灰色区域也被选择了出来，而画面中比较暗的灰色区域是不会被完全选择的，如图 5.42 所示。其中，黑色对应的是"不选择"，灰色对应的是"部分选择"，白色对应的是"选择"，这是黑、灰、白在选区当中的功能。

图 5.42

下面来看黑、灰、白在蒙版中的应用，这种应用本质上是与选择度有相关性。

创建一个曲线调整图层，大幅度压暗画面，照片整体的亮度非常低。然后在蒙版图标中进行渐变的调整，蒙版下方是黑色，中间是灰色，上方是白色。白色的区域几乎是降低亮度之后完整的调整效果；黑色区域相当于把降低亮度的效果给删除掉了；灰色调整的效果部分显示，没有 100% 显示，如图 5.43 所示。

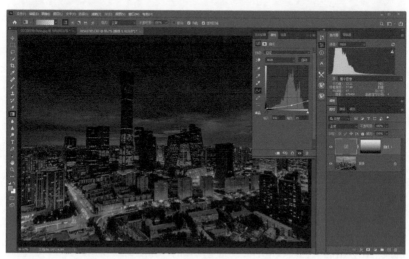

图 5.43

第6章 二次构图

二次构图是指对照片进行裁剪，或是对照片中的元素进行一些特定的处理，从而改变画面的构图方式，提升画面表现力。

二次构图看起来简单，实则很难，谁都会裁剪照片，但大部分人却用不好二次构图，本章将对二次构图的一些中、高级技巧进行详细介绍。

通过裁掉干扰让照片变干净

如果照片当中，特别是画面四周有一些干扰物，比如说明显的机械暗角、一些无关的树枝、岩石等，这些元素会分散观者的注意力，影响主体的表现力。这时可以通过最简单的"裁剪"将这些干扰裁掉，实现让主题突出、画面干净的目的。

如图 6.1 所示，打开原始照片，可以看到照片的四周有一些比较深的暗角，如果通过镜头校正等方案进行处理，暗角的消除可能不是特别自然，这时可以借助于裁剪工具，将这些干扰消除掉。

图 6.1

如图 6.2 所示，选择裁剪工具，在上方的选项栏中设定原始比例，直接在照片当中点住鼠标并拖动就可以确定要保留的区域。确定好之后，在上方选项栏的右侧单击"确定裁剪"按钮，即可完成裁剪；也可以把鼠标移动到保留区域内，双击鼠标左键完成裁剪操作。

图 6.2

让构图更紧凑

　　有时候拍摄的照片四周会显得比较空旷，除主体之外的区域过大，这样会导致画面显得不够紧凑。这时同样需要借助于裁剪工具来裁掉四周的不紧凑区域，让主体更突出。

　　如图 6.3 所示，在 Photoshop 当中打开原始照片，可以看到要表现的主体是长城，四周过于空旷的山体分散了观者的注意力，让主体显得不够突出。在工具栏中选择裁剪工具，设定原始比例，确定裁剪之后，如果感觉裁剪的位置不够合理，还可以把鼠标移动到裁剪边线上，点住边线并进行拖动，以此来改变裁剪区域的大小。

图 6.3

也可以把鼠标移动到裁剪区域的中间位置，当鼠标变为移动状态时，点住并拖动就可以移动裁剪框的位置，如图 6.4 所示。

图 6.4

切割画中画

在有些场景当中可能有不止一个拍摄对象具有很好的表现力，这时可以进行画中画式的二次构图，所谓画中画式的二次构图是指：通过裁剪只保留照片的某一部分，让这些部分单独成图。

如图 6.5 所示，图中的场景比较复杂，所有建筑一字排开，但仔细观察可以发现，某些局部区域可以单独成图，所以我们可以尝试画中画式的二次构图。

图 6.5

在 Photoshop 中打开原始照片，在工具栏中选择裁剪工具，在选项栏中点开"比例"下拉列表，可以看到不同的裁剪比例，有 2 ∶ 3、1 ∶ 1、16 ∶ 9 等等，也可以直接选择"原始比例"，保持原有照片的比例不变。

如果选择"比例"而不选择"原始比例"或特定的比例值，就可以任意更改长宽比；如果设定 2 ∶ 3 的比例，此时是横幅构图，单击后方文本框中间的"交换"按钮，这样可以将横幅变为竖幅或是将竖幅变为横幅；如果想要清除掉特定的比例，单击右侧的"清除"按钮即可，如图 6.6 所示。

图 6.6

这里设定 2 ∶ 3 的长宽比。2 ∶ 3 是当前主流相机所使用的长宽比，设定这种比例时，大多数情况下是与原始比例吻合的，直接拖动并裁剪就可以了，如图 6.7 所示。

图 6.7

这里我们想裁剪为竖幅，单击 2：3 比例中间的"交换"按钮可以将横幅变为竖幅，或是将竖幅变为横幅，再移动裁剪区域到我们想要的新位置并确定，即可完成二次构图，如图 6.8 所示。

图 6.8

封闭变开放构图

所谓封闭式构图是指将拍摄的主体拍摄完整，这种比较完整的构图会给人一种非常协调的心理感受，让观者知道我们拍摄的是一个整体，但是这种构图也有一种劣势——画面有时候会显得比较平淡，缺乏冲击力。面对这种情况，可以考虑将封闭式构图通过裁剪，变为开放式构图，只表现主体的局部，给人更广泛的、话外有话的联想。

如图 6.9 所示，原片重点表现的是整个花朵。

图 6.9

通过裁剪之后，得到的开放式构图照片会让人联想到花蕊之外的区域，如图 6.10 所示。

图 6.10

校正水平与竖直线

二次构图中有关照片是否水平的调整是非常简单的，下面通过一个案例来介绍。

如图 6.11 所示，这张照片虽然整体上还算协调，但如果我们仔细观察，会发现远处的水平线是有一定倾斜的。

图 6.11

如图 6.12 所示，选择裁剪工具，在上方选项栏中选择拉直工具，鼠标沿着远处的水平线向右拖动，注意一定要拖出一段距离之后松开鼠标，此时裁剪线会包含进一部分照片之外的区域。

图 6.12

在上方选项栏中勾选"内容识别",如图 6.13 所示,这样四周包含进来的空白像素区域会被填充起来,然后单击选项栏右侧的"√"按钮。

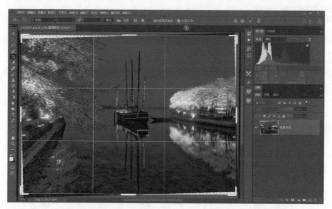

图 6.13

经过等待之后,四周会被填充完整,然后按 Ctrl+D 组合键取消选区,就可以完成这张照片的校正。

校正画面严重的透视畸变

水平线的校正整体来说比较简单,但如果因为拍摄机位过高或过低,导致照片的重点景物出现了一些水平和竖直方向上的透视倾斜,就没有办法采用这种方式进行调整,下面我们介绍一种高级的透视校正方法,让构图变得更加规整。

将拍摄的原始照片拖入 Photoshop,它会自动在 ACR 当中打开。可以看到四周的建筑在竖直方向上出现了一些透视畸变,所以需要进行校正。

　　在较正之前先切换到基本面板对照片的影调层次进行调整，包括提高曝光值、降低高光值、提高阴影值等，让照片的影调层次变得更加理想。

　　之后切换到几何面板，选择第五个按钮——"水平和竖直校正"，这种校正方式是指借助于参考线，通过寻找照片中应该水平或竖直的线条来对照片完成校正。单击选择"水平和竖直校正"按钮之后，找到照片中应该为竖直的线条，比如右侧的建筑本身应该是竖直的，但现在出现了倾斜，如图 6.14 所示，将鼠标放到建筑的线条上端单击，出现一个锚点，点住鼠标，并移动到建筑的下端这条竖直线的下端，之后松开鼠标。

图 6.14

　　用相同的方法在左侧本应该竖直的建筑线条上进行描线。通过这样两个线条，就将画面中几乎所有建筑都校正完成，画面整体显得非常规整，效果也比较理想，如图 6.15 所示。利用这种方法还可以校正画面的水平。

图 6.15

6.2 画面局部处理

变形或液化局部元素

下面介绍通过变形或液化调整局部元素来强化画面，或是改变画面构图的技巧。

如图 6.16 所示，这张照片是一个风光场景，画面给人的感觉还是不错的，但是山峰的气势显得有些不足。在调整之前，首先按 Ctrl+J 组合键复制一个图层出来，在工具栏中选择快速选择工具，在照片的地景上点住并拖动，可以快速为整个地景建立选区。

图 6.16

图 6.17

点开"编辑"菜单，选择"变换"子菜单中的"变形"命令，如图 6.17 所示，出现变化线之后，将鼠标移动到中间的山峰上，点住并向上拖动，这时选区内的山体部分会被拉高，山的气势就出来了。

完成山峰的拉高之后，按 Enter 键完成处理，再按 Ctrl+D 组合键取消选区即可，这样就完成了山峰的局部调整，如图 6.18 所示。

在本案例操作之前进行

了图层的复制,这是为了避免出现一些穿帮和瑕疵所做的提前准备,如果没有出现穿帮和瑕疵,复制图层的这个过程就没有太大作用。

图 6.18

通过变形完美处理暗角

之前已经介绍过,如果照片当中出现了非常深的暗角,可以通过裁剪的方式将这些暗角裁掉,但如果画面的构图本身比较合适,这时如果裁掉周围的暗角,会导致画面的构图过紧,所以就不能采用简单的裁剪方法。

如图 6.19 所示,四周的暗角是非常明显的。

按 Ctrl+J 组合键复制一个图层,选择上方新复制的图层,并点开"编辑"菜单,选择"变换"子菜单中的"变形"命令。

将鼠标移动到照片的四个角上,点住并向外拖动,这样可以将暗角部分拖出画面,如果照片中间主体部分没有较大的变形,就可以直接按 Enter 键,再按 Ctrl+D 组合键取消选区,完成照片的处理。

如果中间的主体部分发生了较大的变形,会影响表现力,可以为上方的图层创

图 6.19

建一个黑蒙版，再用白色画笔将四周擦拭出来即可。

图 6.20

通过变形改变主体位置

如图 6.21 所示，这张照片当中，最高的建筑稍稍有些偏左，视觉感受是比较别扭的。选择裁剪工具，将鼠标放在左侧的裁剪线上，点住之后，按 Shift 键向左拉动，为画布的左侧添加一块空白区域，然后按照之前介绍的方法，为中间建筑的左侧建立矩形选区，进行自由变换，将左侧空白部分填充起来。

图 6.21

140

也可以对右侧的一些区域进行变形和拉伸，通过多次调整，确保让中间的主体建筑正好处于画面的中心位置，如图 6.22 所示。

图 6.22

再次选择裁剪工具，裁掉四周的一些空白区域，即可完成调整，如图 6.23 所示。这个方法的应用范围非常广泛，对于调整主体位置是非常有效的。

图 6.23

修掉画面中的杂物

有时候照片当中会有一些杂物影响照片的表现力，例如一些矿泉水瓶、白色塑料、杂乱的岩石、枯木等，它们都有可能干扰主体的表现力。

图 6.24

如图 6.24 所示，画面右下角有一片黑影，对画面的干扰比较大，可以将其修掉。

图 6.25

如图 6.25 所示，在工具栏中选择污点修复画笔工具，在上方的选项栏中调整画笔大小，类型设定为"内容识别"，将鼠标移动到这团阴影上，按下鼠标左键的同时，在阴影处进行涂抹。

图 6.26

松开鼠标即可将这团阴影很好地消除掉，如图 6.26 所示。

学会摄影后期，远比有一部好相机重要！

照片有没有后期，会天差地别！一名从业 15 年的摄影师、摄影图书作家，真诚地告诉您：学会摄影后期，远比有一部好相机重要！

大家学不会摄影后期，无非两个原因：其一，虽然你掌握了大量后期技术，但没有系统理论的支撑，即纲不举则目不张；其二，对后期望而生畏，将摄影后期等同于平面设计，学习事倍功半。

《马上会修片（影调篇）》视频课程已经上线腾讯课堂，让您成为后期修图高手，一定修出好照片！课程有效期 5 年，可循环学习！

（1）打开腾讯课堂，搜索马上会修片。

（2）之后单击图示链接，可购买后学习。
也可在购买之前添加郑志强老师微信 381153438 进行咨询！

重要提示：
读者也可将搜索条件设置为"机构"，搜索新阅干知，关注我们推出的免费课程！

北京地区用户可联系郑志强老师（微信 381153438），加入线下课程的学习！

《马上会修片（影调篇）》课程大纲

系列课程由郑志强老师授课，并负责班级管理，每课都附赠素材、作业素材，并进行学后考核，提升学习成果。